特效师

Premiere 实战版 Pr

深入学习
影视剪辑与特效制作

李想　陈天超　毛敬玉　编著

U0282940

清华大学出版社
北京

内 容 简 介

本书通过 20 个特效制作、影视剪辑经典案例，深入介绍了 Premiere Pro 2023 软件的 20 大核心功能，随书赠送了 280 多个案例素材与效果、320 多分钟的同步教学视频，帮助大家从入门到精通 Premiere 软件，从新手成为影视剪辑与特效制作的高手！

10 类特效制作案例，既包括字幕特效、转场特效、调色特效、抠图特效、卡点特效等功能类特效的制作技巧，又包括影视中热门的武侠类、仙侠类和科幻类特效的制作技巧，既基础又实用。

10 大影视剪辑经典案例，类型包括自然风光、灯光延时、婚纱相册、年度汇总、儿童相册、情景短剧、宣传视频、抖音视频、种草视频、电影解说，涵盖范围广。

20 大 Premiere 核心功能，知识点包括 Premiere 软件中项目文件的创建、打开，影视素材的导入、剪辑，字幕、转场、调色、抠图、卡点、关键帧、蒙版、音频等功能的添加，以及最终效果视频的合成与导出，讲解既细致又全面。

本书既适合学习 Premiere 软件的初学者，也适合想深入学习 Premiere 影视剪辑与特效制作的读者，特别是想制作风光、延时、短剧、电影等效果视频的读者，还可以作为高等院校相关专业的教材。

图书在版编目 (CIP) 数据

特效师：深入学习影视剪辑与特效制作：Premiere 实战版 / 李想，陈天超，毛敬玉编著 . —北京：清华大学出版社，2024.5

ISBN 978-7-302-65940-2

Ⅰ . ①特… Ⅱ . ①李… ②陈… ③毛… Ⅲ . ①视频编辑软件 Ⅳ . ① TN94

中国国家版本馆 CIP 数据核字 (2024) 第 065023 号

责任编辑：韩宜波
封面设计：徐 超
版式设计：方加青
责任校对：翟维维
责任印制：宋 林

出版发行：清华大学出版社
　　　　　网　　　址：https://www.tup.com.cn，https://www.wqxuetang.com
　　　　　地　　　址：北京清华大学学研大厦 A 座　　　　　邮　　编：100084
　　　　　社 总 机：010-83470000　　　　　　　　　　　邮　　购：010-62786544
　　　　　投稿与读者服务：010-62776969，c-service@tup.tsinghua.edu.cn
　　　　　质 量 反 馈：010-62772015，zhiliang@tup.tsinghua.edu.cn
印 装 者：北京嘉实印刷有限公司
经　　销：全国新华书店
开　　本：185mm×260mm　　　印　　张：15　　　字　　数：375 千字
版　　次：2024 年 5 月第 1 版　　　印　　次：2024 年 5 月第 1 次印刷
定　　价：88.00 元

产品编号：104130-01

前言
FOREWORD

策划起因

　　Premiere的全称是Adobe Premiere Pro，简称Pr，是Adobe公司开发的一款视频后期编辑软件。它的功能非常强大，不管是在剪辑、处理等操作功能上，还是在格式转换、插件增加等兼容性方面都是视频编辑软件中的领军者，而且因为它可以跟Adobe公司旗下的其他软件进行联合、互动，所以在影视栏目中应用非常广泛，受到了很多人的喜爱与青睐。

　　目前，短视频行业仍稳定且持续地发展，在海量的短视频中，如何让自己的视频受到更多人的关注与喜爱显得尤为重要。除了视频的内容外，视频剪辑也是我们应该特别注重的。其中，只有让自己的视频更新颖、有创意，才能更快、更好地吸引到更多人的注意。

　　为视频添加多种影视特效，能够让其更独特、更突出。与其他视频编辑软件相比，Premiere软件的操作功能自主性很强，自己独立制作的影视视频，其中运用的特效很难与其他人雷同，因此创意、新颖程度会更高，如果质量过关，就很容易让自己的视频受到更多人的关注。

　　当然，如果不想让自己的视频昙花一现，我们就不要因为一时的视频火爆而骄傲自满，一有成绩就忘记自己的初心，我们应牢记"空谈误国、实干兴邦"的理念，坚定信心、同心同德，埋头苦干、奋勇前进。只有不断地在影视剪辑与特效制作方面下功夫，才会有可能获得更大的成功，成长为影视剪辑与特效制作大师。

系列图书

　　为帮助大家全方位成长，笔者团队特别策划了"深入学习"系列图书，从短视频的运镜、剪辑、特效、调色，到视音频的编辑、平面广告设计、AI智能绘画，应有尽有。该系列图书如下：

- 《运镜师：深入学习脚本设计与分镜拍摄（短视频实战版）》
- 《剪辑师：深入学习视频剪辑与爆款制作（剪映实战版）》
- 《音效师：深入学习音频剪辑与配乐（Audition实战版）》
- 《特效师：深入学习影视剪辑与特效制作（Premiere实战版）》
- 《调色师：深入学习视频和电影调色（达芬奇实战版）》

● 《视频师：深入学习视音频编辑（EDIUS实战版）》
● 《设计师：深入学习图像处理与平面制作（Photoshop实战版）》
● 《绘画师：深入学习AIGC智能作画（Midjourney实战版）》

该系列图书最大的亮点，就是通过案例介绍操作技巧，让读者在实战中精通软件。目前市场上的同类书，大多侧重于软件知识点的介绍与操作，比较零碎，学完了不一定能制作出完整的视频效果，而本书安排了小、中、大型案例，采用效果展示、任务驱动式写法，由浅入深，循序渐进，层层剖析。

本书思路

本书为上述系列图书中的《特效师：深入学习影视剪辑与特效制作（Premiere实战版）》，具体的写作思路与特色如下。

❶ **20个主题，案例实战**：既包括字幕特效、转场特效、调色特效、抠图特效、卡点特效、片头特效、片尾特效、武侠类特效、仙侠类特效、科幻类特效10个主题影视特效案例，又涵盖了自然风光、灯光延时、婚纱相册、年度汇总、儿童相册、情景短剧、宣传视频、抖音视频、种草视频、电影解说10个主题影视综合案例。

❷ **20大功能，核心讲解**：通过以上案例，从零开始，循序渐进地讲解了Premiere软件的项目文件创建、打开，影视素材的导入、剪辑，字幕、转场、调色、抠图、卡点、关键帧、蒙版、音频等核心功能的添加，以及最终效果视频的合成与导出，帮助读者从零开始，全面精通Premiere软件。

❸ **280多个案例素材与效果提供**：为方便大家学习，提供了书中案例的素材文件和效果文件。

❹ **320多分钟的同步教学视频赠送**：为了大家能更高效地学习，书中案例全部录制了同步高清教学视频，用手机扫描章节中的二维码直接观看。

本书提供案例的素材文件、效果文件以及视频文件，扫一扫下面的二维码，推送到自己的邮箱后下载获取。

温馨提示

在编写本书时，是基于各大平台和软件截取的实际操作图片，但本书从编辑到出版需要一段时间，在这段时间里，平台和软件的界面与功能会有调整与变化，如有的内容删除了，有的内容增加了，这是软件开发商做的更新，很正常。请在阅读时，根据书中的思路，举一反三，进行学习即可，不必拘泥于细微的变化。

本书使用的软件版本为Premiere Pro 2023。另外，需要特别注意的是，导出最终的效果视频后，应当立即保存好项目文件。因为项目文件相当于草稿文件，如果后期需要对导出的效果视频进行一些小的修改，则可以直接打开项目文件，在原来的效果上进行修改。

本书由李想、陈天超、毛敬玉编著，其中，兰州职业技术学院的李想老师编写了第17~18章，共计50千字；兰州职业技术学院的陈天超老师编写了第1~12章，共计158千字；兰州职业技术学院的毛敬玉老师编写了第13~16章、第19~20章，共计157千字。在此感谢刘芳芳、黄建波、向小红、刘娉颖、刘慧、杨菲、向航志等人在本书编写时提供的素材帮助。

由于编者水平有限，书中难免有疏漏之处，恳请广大读者批评、指正。

编　者

目录
CONTENTS

第9章 仙侠类特效：
制作《人物出场》/ 60

第11章 自然风光：
制作《路上风景》/ 77

第10章 科幻类特效：
制作《直冲云霄》/ 69

第12章 灯光延时：
制作《滨江夜景》/ 86

第17章　宣传视频：制作《拾忆摄影》/ 154

第18章　抖音视频：制作《灯光卡点》/ 171

第19章　种草视频：制作《图书推荐》/ 188

SPECIAL EFFECTS

第1章 字幕特效：
制作《旭日东升》

　　字幕特效主要是指为视频添加合适的字幕，并根据视频画面的内容为其添加合适的效果，使字幕在整个视频画面中起到显眼的作用。字幕特效适用于所有的视频，在视频中添加字幕特效能够让视频画面看起来更有质感。

1.1 《旭日东升》效果展示

　　字幕特效主要是突出字幕，创作者要根据视频画面进行制作，包括字幕的内容、字幕的字体、字幕的大小、字幕的颜色等。《旭日东升》视频的主要画面内容是太阳升起，所以字幕也需要符合这一主题。

　　在制作《旭日东升》视频之前，首先来欣赏本案例的视频效果，并了解案例的学习目标、制作思路、知识讲解和要点讲堂。

1.1.1　效果欣赏

　　《旭日东升》视频的画面效果如图1-1所示。

图1-1　画面效果

1.1.2　学习目标

知识目标	掌握字幕特效的制作方法
技能目标	（1）掌握在Premiere Pro 2023软件中创建项目的操作方法 （2）掌握在Premiere Pro 2023软件中导入素材的操作方法 （3）掌握为视频添加字幕特效的操作方法 （4）掌握导出视频的操作方法
本章重点	为视频添加字幕特效
本章难点	在Premiere Pro 2023软件中创建项目
视频时长	6分09秒

1.1.3　制作思路

本案例介绍了在启动Premiere Pro 2023软件后，首先创建新的工作项目，然后将多个素材导入Premiere Pro 2023操作界面中，接着为其添加字幕特效，最后导出视频效果。图1-2所示为本案例视频的制作思路。

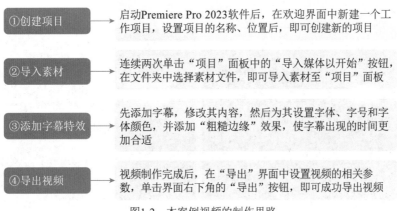

图1-2　本案例视频的制作思路

1.1.4　知识讲解

字幕特效是指在视频素材上添加字幕，并且这些字幕具有特殊的视觉效果，如颜色、字体、形状、动画等。字幕特效可以帮助观众更好地理解和感受视频内容，同时也可以增强视频的观赏性。

1.1.5　要点讲堂

在本章内容中，会用到一个Premiere Pro 2023的功能——添加字幕特效，这一功能的主要作用有两个，具体内容如下。

❶ 表明视频的主题。为视频添加字幕特效，能够向观众表明该视频的主题。

❷ 提高画面精美度。符合视频画面的字幕特效，能够在一定程度上丰富视频画面，而其相关参数、效果的设置和添加，能够让画面更具美感。

为视频添加字幕特效的主要方法为：在Premiere Pro 2023的操作界面中，选择"文字工具"，在"节目监视器"面板中单击鼠标左键，输入文字，并对其进行相关的设置，即可完成字幕特效的添加。

1.2 《旭日东升》制作流程

本节将为大家介绍为视频添加字幕特效的操作方法，包括创建项目、导入素材、添加字幕特效以及导出视频，希望大家能够熟练掌握，制作出精美的字幕。

1.2.1 创建项目

为视频添加字幕特效，首先应该创建一个新的项目，这样在关闭了Premiere Pro 2023软件之后，还可以快速进入之前的操作界面，继续操作。下面介绍在Premiere Pro 2023中创建项目的操作方法。

扫码看视频

STEP 01 ▶▶▶ 启动Premiere Pro 2023软件后，弹出欢迎界面，单击"新建项目"按钮，如图1-3所示，即可进入"导入"界面。

STEP 02 ▶▶▶ ❶设置项目名称；❷单击"项目位置"右侧的▾按钮，展开位置选项；❸单击"选择位置"按钮，如图1-4所示。

图1-3　单击"新建项目"按钮　　　　　　　图1-4　单击"选择位置"按钮

STEP 03 ▶▶▶ 弹出"项目位置"对话框，在其中选择合适的文件夹，如图1-5所示。

STEP 04 ▶▶▶ 单击"选择文件夹"按钮，返回新建项目界面，单击界面右下角的"创建"按钮，如图1-6所示，即可完成项目的创建。

图1-5　选择合适的文件夹　　　　　　　　图1-6　单击"创建"按钮

1.2.2 导入素材

新建项目之后，接下来就可以将需要处理的素材导入Premiere Pro 2023的操作界面中。下面介绍在Premiere Pro 2023中导入素材的操作方法。

STEP 01 ≫ 如果关闭了操作界面，可以重新启动Premiere Pro 2023软件，然后在欢迎界面中，单击"打开项目"按钮，如图1-7所示。

STEP 02 ≫ 弹出"打开项目"对话框，在合适的文件夹中，❶选择刚才新建的项目文件；❷单击"打开"按钮，如图1-8所示，即可打开项目文件。

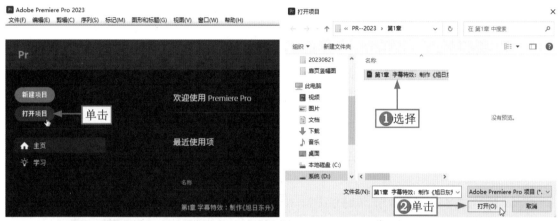

图1-7 单击"打开项目"按钮　　　　　　图1-8 单击"打开"按钮

STEP 03 ≫ 进入操作界面，在"项目"面板中，连续单击两次"导入媒体以开始"按钮，如图1-9所示。

STEP 04 ≫ 弹出"导入"对话框，❶选择素材；❷单击"打开"按钮，如图1-10所示。执行操作后，即可在"项目"面板中查看导入的素材文件缩略图。

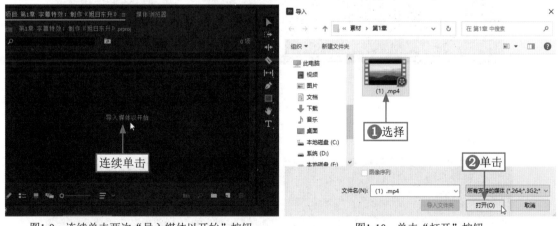

图1-9 连续单击两次"导入媒体以开始"按钮　　　　图1-10 单击"打开"按钮

　除了通过连续单击两次"导入媒体以开始"按钮导入素材外，还可以通过选择"文件"|"导入"命令导入素材。

STEP 05 ≫ 长按鼠标左键，拖曳素材至"时间轴"面板中，如图1-11所示。

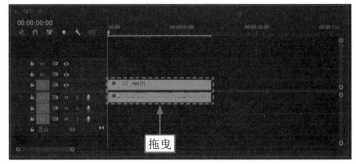

图1-11 拖曳素材至"时间轴"面板中

1.2.3 添加字幕特效

扫码看视频

　　为视频添加合适的字幕特效，能够让视频画面上的素材更加丰富，使其看起来更加美观。字幕特效要符合视频画面，所以在字体、字号和位置的设置上，要根据视频画面进行调整，并且字幕要在合适的位置出现和消失，这样才不会影响视频的观看。下面介绍在Premiere Pro 2023中添加字幕特效的操作方法。

STEP 01 ▶▶ 选择"文字工具" T，在"节目监视器"面板中单击鼠标左键，即可创建一个文本框，如图1-12所示。

STEP 02 ▶▶ 在文本框中输入文字"旭日东升"，如图1-13所示。

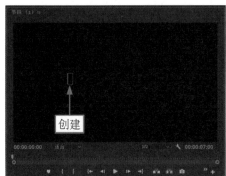

图1-12 创建一个文本框

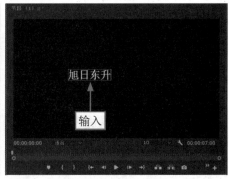

图1-13 输入相应文字

STEP 03 ▶▶ 在"基本图形"面板的"文本"选项组中，设置"字体"为"楷体"，"字体大小"参数为170，如图1-14所示。

STEP 04 ▶▶ 在"外观"选项组中，单击"填充"颜色色块，如图1-15所示。

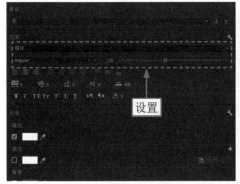

图1-14 设置相应参数

图1-15 单击"填充"颜色色块

STEP 05 ▶▶▶ 在弹出的"拾色器"对话框中，❶设置RGB参数为（44,102,189），使文字填充颜色更符合视频画面；❷单击"确定"按钮，如图1-16所示，即可设置文字的填充颜色。

STEP 06 ▶▶▶ 在"基本图形"面板的"对齐并变换"选项组中，设置"切换动画的位置"参数为（622.4,362.1），如图1-17所示，即可调整文本的位置。

图1-16　单击"确定"按钮　　　　　　　　图1-17　设置"切换动画的位置"参数

STEP 07 ▶▶▶ 在"效果"面板中，❶搜索"粗糙边缘"效果；❷双击鼠标左键，如图1-18所示，即可将其添加到字幕文件上。

STEP 08 ▶▶▶ 在"节目监视器"面板中可以预览文字效果，如图1-19所示。

图1-18　双击鼠标左键　　　　　　　　　图1-19　预览文字效果

STEP 09 ▶▶▶ 拖曳时间滑块至开始位置，选择文字素材，在"效果控件"面板中，❶单击"边框"左侧的"切换动画"按钮；❷设置"边框"参数为300.00，如图1-20所示，添加关键帧。

STEP 10 ▶▶▶ 拖曳时间滑块至00:00:03:15的位置，设置"边框"参数为0.00，如图1-21所示，为视频添加第2个关键帧。

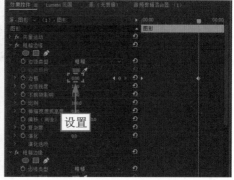

图1-20　设置"边框"参数（1）　　　　　图1-21　设置"边框"参数（2）

1.2.4 导出视频

视频制作完成后，接下来就可以导出最终的视频效果。为视频设置好相应的标题名称、导出位置等能方便之后的查找。下面介绍在Premiere Pro 2023中导出视频的操作方法。

STEP 01 >>> 在工具栏中，单击"导出"按钮，如图1-22所示，即可进入"导出"界面。

STEP 02 >>> 设置视频的文件名和位置，如图1-23所示。

图1-22　单击"导出"按钮（1）

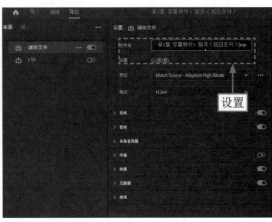

图1-23　设置文件名和位置

STEP 03 >>> 单击界面右下角的"导出"按钮，如图1-24所示。

图1-24　单击"导出"按钮（2）

STEP 04 >>> 弹出"编码（1）"对话框，开始导出文件，并显示导出进度，如图1-25所示。这里需要花费一些时间，计算机的配置不同，视频导出的速度也会不同。

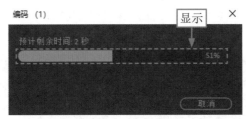

图1-25　显示导出进度

02

SPECIAL EFFECTS

第2章 转场特效：
制作《云朵之美》

　　转场特效主要是指在两个及两个以上的图片、视频素材之间添加相应的视频过渡效果，让素材的切换更加自然，减轻突兀感。在制作多个素材的视频时，创作者就可以借助不同的转场特效，让视频切换更加流畅，提高观众对视频画面的观感。

2.1 《云朵之美》效果展示

　　转场特效（也称"视频过渡效果"）的主要作用是减轻素材之间的不自然过渡，让画面变得更加流畅、自然。在素材之间添加合适的转场特效，能够让观看该视频的人，减轻由于素材不同而带来的不适感。在添加转场特效的时候，要注意前后两个素材的画面重点，从而为其添加合适的转场效果，使画面更有质感。

　　在制作《云朵之美》视频之前，首先来欣赏本案例的视频效果，并了解案例的学习目标、制作思路、知识讲解和要点讲堂。

2.1.1　效果欣赏

　　《云朵之美》视频的画面效果如图2-1所示。

图2-1　画面效果

2.1.2 学习目标

知识目标	掌握转场特效的制作方法
技能目标	（1）掌握为视频添加转场特效的操作方法 （2）掌握为视频添加背景音乐的操作方法 （3）掌握导出视频的操作方法
本章重点	为视频添加转场特效
本章难点	为视频添加背景音乐
视频时长	4分21秒

2.1.3 制作思路

本案例首先介绍了为视频添加转场特效，然后为其添加背景音乐，最后导出视频效果。图2-2所示为本案例视频的制作思路。

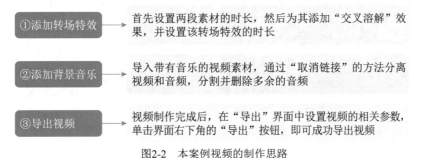

①添加转场特效 → 首先设置两段素材的时长，然后为其添加"交叉溶解"效果，并设置该转场特效的时长

②添加背景音乐 → 导入带有音乐的视频素材，通过"取消链接"的方法分离视频和音频，分割并删除多余的音频

③导出视频 → 视频制作完成后，在"导出"界面中设置视频的相关参数，单击界面右下角的"导出"按钮，即可成功导出视频

图2-2　本案例视频的制作思路

2.1.4 知识讲解

转场特效的作用是通过在两段素材之间添加合适的视频过渡效果，使两段素材的衔接更加自然，减少切换时的突兀感。

2.1.5 要点讲堂

在本章内容中，会用到一个Premiere Pro 2023的功能——添加转场特效，这一功能的主要作用有两个，具体内容如下。

❶ 让视频过渡自然。添加合适的转场特效，能让不同素材的过渡更加自然，让观众对视频内容更加有兴趣。

❷ 把控视频整体节奏。合适的转场，配上相应的背景音乐，能够增加视频的节奏感。

为视频添加转场特效的主要方法为：在"效果"面板中，选择合适的转场效果，将其拖曳到素材文件上，即可完成转场特效的添加。

2.2 《云朵之美》制作流程

本节将为大家介绍为视频添加转场特效的操作方法，包括添加转场特效、背景音乐以及导出视频，希望大家能够熟练掌握，制作出精美的视频。

2.2.1 添加转场特效

为视频添加转场特效，首先需要导入两段及两段以上的视频素材。下面介绍在Premiere Pro 2023中添加转场特效的操作方法。

STEP 01 ▶▶ 在"项目"面板中，导入两段视频素材，如图2-3所示。

STEP 02 ▶▶ 按照导入顺序将其拖曳至"时间轴"面板中，如图2-4所示。

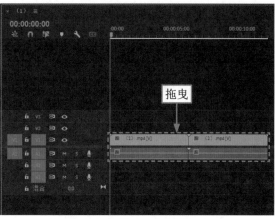

图2-3　导入两段视频素材　　　　　　　　　　图2-4　拖曳素材至"时间轴"面板中

STEP 03 ▶▶ 选择第1段视频素材，单击鼠标右键，在弹出的快捷菜单中选择"速度/持续时间"命令，如图2-5所示。

STEP 04 ▶▶ 弹出"剪辑速度/持续时间"对话框，❶设置"持续时间"为00:00:03:00；❷单击"确定"按钮，如图2-6所示。

图2-5　选择"速度/持续时间"命令　　　　　　图2-6　单击"确定"按钮

STEP 05 ▶▶ 用同样的方法，设置第2段视频素材的"持续时间"为00:00:03:00，如图2-7所示。

STEP 06 ▶▶ 适当移动第2段视频素材的位置，如图2-8所示。

STEP 07 ▶▶ 在"效果"面板中，❶展开"视频过渡"|"溶解"选项；❷选择"交叉溶解"选项，如图2-9所示。

STEP 08 ▶▶ 长按鼠标左键，将其拖曳至V1轨道上两段素材的中间位置，便可以添加转场效果，如图2-10

所示。

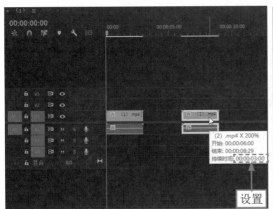

图2-7 设置第2段视频素材的持续时间

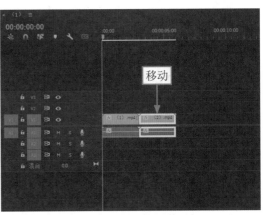

图2-8 移动第2段视频素材的位置

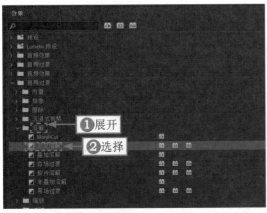

图2-9 选择"交叉溶解"选项

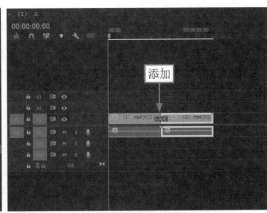

图2-10 添加转场效果

STEP 09 ▶▶▶ 选择"交叉溶解"特效，如图2-11所示，单击鼠标右键，即可弹出快捷菜单。

STEP 10 ▶▶▶ 选择"设置过渡持续时间"命令，如图2-12所示。

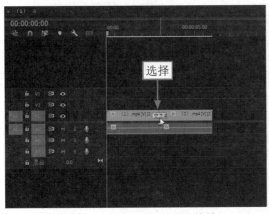

图2-11 选择"交叉溶解"特效

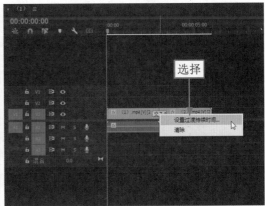

图2-12 选择"设置过渡持续时间"命令

STEP 11 ▶▶▶ 弹出"设置过渡持续时间"对话框，❶设置"持续时间"为00:00:01:16；❷单击"确定"按钮，如图2-13所示。

STEP 12 ▶▶▶ 执行操作后，即可成功设置持续时间，效果如图2-14所示。

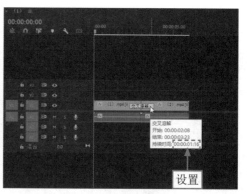

图2-13 单击"确定"按钮   图2-14 设置持续时间

2.2.2 添加背景音乐

添加完转场特效之后，还应该为视频添加一首合适的背景音乐，这样能让视频更具
动感。可以导入一段自带音乐的视频素材，通过"取消链接"的方法来分离视频和音
频。下面介绍在Premiere Pro 2023中添加背景音乐的操作方法。

扫码看视频

STEP 01 ⟫ 在"项目"面板中导入一段视频素材，如图2-15所示。

STEP 02 ⟫ 长按鼠标左键，将其拖曳至V2和A2轨道中，选择V2轨道中的素材，如图2-16所示。

图2-15 导入视频素材   图2-16 选择V2轨道中的素材

STEP 03 ⟫ 单击鼠标右键，在弹出的快捷菜单中选择"取消链接"命令，如图2-17所示。

STEP 04 ⟫ 执行操作后，即可分离视频与音频，如图2-18所示，并默认选择V2轨道中的视频素材，按
Delete键删除该视频。

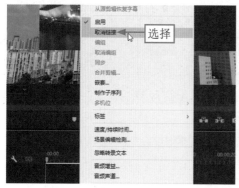

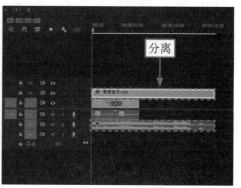

图2-17 选择"取消链接"命令   图2-18 分离视频与音频

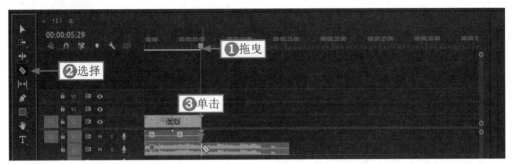

STEP 05 >>> ❶拖曳时间滑块至视频素材的结束位置；❷选择"剃刀工具"🔪；❸在A2轨道的素材上单击鼠标左键，如图2-19所示，即可分割出多余的音频素材。

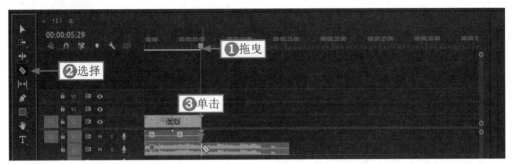

图2-19　单击鼠标左键分割音频素材

STEP 06 >>> ❶选择"选择工具"▶；❷选择多余的音频素材，如图2-20所示，按Delete键即可删除多余的音频。

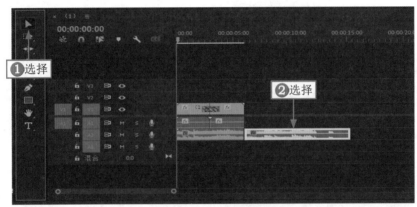

图2-20　选择多余的音频素材

2.2.3　导出视频

扫码看视频

　　视频制作完成后，接下来就可以导出最终的视频效果。下面介绍在Premiere Pro 2023中导出视频的操作方法。

STEP 01 >>> 在工具栏中，❶单击"导出"按钮；❷设置视频的文件名和位置，如图2-21所示。

STEP 02 >>> 单击界面右下角的"导出"按钮，如图2-22所示，即可导出视频。

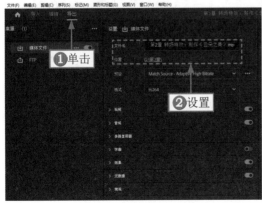

图2-21　设置文件名和位置

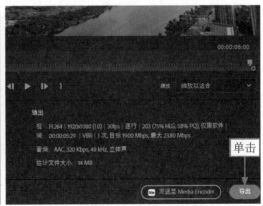

图2-22　单击"导出"按钮

03

SPECIAL EFFECTS

第3章　调色特效：
制作《车水马龙》

调色特效主要是指通过改变视频画面的色彩，达成某种画面效果。比如，赛博朋克风格，它的画面通常以冷色调为主，尤其是紫色和蓝色，所以想要制作这种风格的视频，就应该加重紫色和蓝色在画面中的占比，使其呈现出霓虹色彩。

3.1 《车水马龙》效果展示

在《车水马龙》视频中，呈现的是赛博朋克效果，因为该视频的主要素材是城市中的车轨，所以制作成赛博朋克的效果，不仅需要重点突出紫色和蓝色，更需要提升整体的亮度，使用明亮的色彩来吸引观众的注意力。制作成赛博朋克效果之后，能够让视频整体看上去更显科技感。

在制作《车水马龙》视频之前，首先来欣赏本案例的视频效果，并了解案例的学习目标、制作思路、知识讲解和要点讲堂。

3.1.1 效果欣赏

《车水马龙》视频的画面效果对比如图3-1所示。

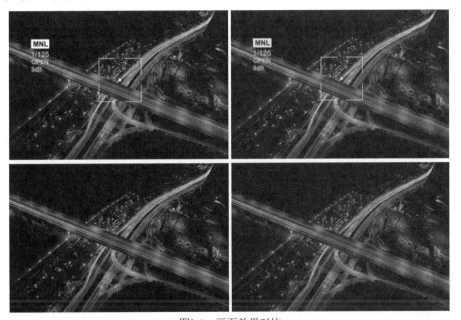

图3-1　画面效果对比

3.1.2 学习目标

知识目标	掌握调色特效的制作方法
技能目标	（1）掌握在Premiere Pro 2023软件中导入素材的操作方法 （2）掌握为视频调节画面色彩的操作方法 （3）掌握为视频添加背景音乐的操作方法 （4）掌握导出视频的操作方法
本章重点	为视频调节画面色彩
本章难点	在Premiere Pro 2023软件中导入素材
视频时长	4分36秒

3.1.3 制作思路

本案例首先介绍了在Premiere Pro 2023软件中导入素材，然后调节画面色彩、添加背景音乐，最后导出视频。图3-2所示为本案例视频的制作思路。

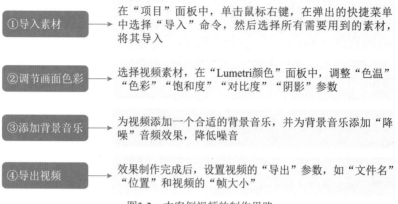

①导入素材 → 在"项目"面板中，单击鼠标右键，在弹出的快捷菜单中选择"导入"命令，然后选择所有需要用到的素材，将其导入

②调节画面色彩 → 选择视频素材，在"Lumetri颜色"面板中，调整"色温""色彩""饱和度""对比度""阴影"参数

③添加背景音乐 → 为视频添加一个合适的背景音乐，并为背景音乐添加"降噪"音频效果，降低噪音

④导出视频 → 效果制作完成后，设置视频的"导出"参数，如"文件名""位置"和视频的"帧大小"

图3-2　本案例视频的制作思路

3.1.4　知识讲解

调色特效的作用是通过将素材进行色彩的处理和调整，使其符合某种风格。用户可以通过对素材进行色调、色温、高光、饱和度、明暗度等参数的调整，来制作自己想要的风格。

3.1.5　要点讲堂

在本章内容中，会用到一个Premiere Pro 2023的功能——调节画面色彩，这一功能的主要作用是将多种不同的元素组合在一个视频画面中，能够让观看的人产生惊喜感。

为视频进行调色的主要方法为：在"Lumetri颜色"面板中，根据视频画面和想要制作出的风格来调整相关参数。

3.2 《车水马龙》制作流程

本节将为大家介绍为视频添加调色特效的操作方法，包括导入素材、调节画面色彩、添加背景音乐，以及导出视频，希望大家能够熟练掌握。

3.2.1　导入素材

制作《车水马龙》视频，首先需要在"项目"面板中导入素材。下面介绍在Premiere Pro 2023中导入素材的操作方法。

扫码看视频

STEP 01 >>> 移动鼠标至"项目"面板中，单击鼠标右键，在弹出的快捷菜单中选择"导入"命令，如图3-3所示。

STEP 02 >>> 弹出"导入"对话框，选择所有需要用到的素材，单击"打开"按钮，即可将素材全部导入"项目"面板中，如图3-4所示。

STEP 03 >>> 双击视频素材，在"源监视器"面板中，移动鼠标到"仅拖动视频"按钮■上，长按鼠标左键，将第1段视频素材拖曳至"时间轴"面板的V1轨道中，如图3-5所示。

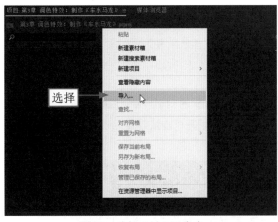

图3-3 选择"导入"命令　　　　图3-4 将素材导入"项目"面板中

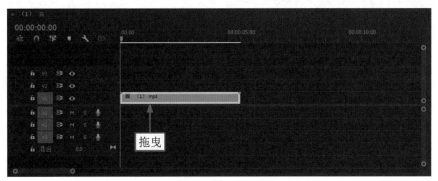

图3-5 拖曳视频素材至V1轨道中

3.2.2 调节画面色彩

导入素材之后，接下来就可以调节视频画面的色彩。下面介绍在Premiere Pro 2023中调节画面色彩的操作方法。

扫码看视频

STEP 01 >>> 选择V1轨道中的视频素材，在"Lumetri颜色"面板中，❶展开"基本校正"选项；❷设置"色温"参数为−75.0，"色彩"参数为69.6，"饱和度"参数为157.6，如图3-6所示，让画面色彩偏蓝色和紫色。

STEP 02 >>> 在"灯光"选项组中，设置"对比度"参数为64.1，"阴影"参数为−35.9，如图3-7所示，让画面的明暗对比更加直观。

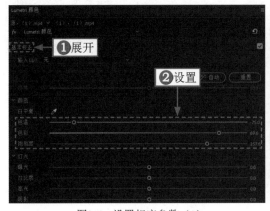
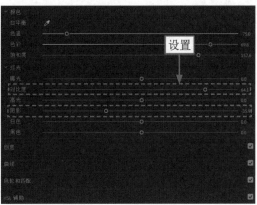

图3-6 设置相应参数（1）　　　　图3-7 设置相应参数（2）

3.2.3　添加背景音乐

扫码看视频

在完成视频调色之后，接下来可以为其添加一个合适的背景音乐，并为背景音乐添加"降噪"音频效果，这样能够降低音频中的杂音，从而提高观众的听感。下面介绍在Premiere Pro 2023中添加背景音乐的操作方法。

STEP 01 ▶▶▶ 在"项目"面板中，拖曳背景音乐素材至"时间轴"面板的A1轨道中，如图3-8所示。

STEP 02 ▶▶▶ 选择A1轨道中的音频素材，在"效果"面板中，❶展开"音频效果"|"降杂/恢复"选项；❷选择"降噪"选项，如图3-9所示，使用鼠标左键双击该选项。

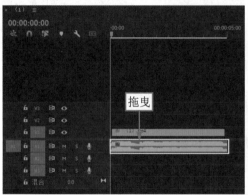

图3-8　拖曳背景音乐素材至A1轨道中　　　　图3-9　选择"降噪"选项

STEP 03 ▶▶▶ 执行操作后，即可为选择的素材添加"降噪"音频效果。在"效果控件"面板中，单击"自定义设置"选项右侧的"编辑"按钮，如图3-10所示。

STEP 04 ▶▶▶ 弹出"剪辑效果编辑器"对话框，❶设置"数量"参数为25%，适当降噪；❷设置"增益"参数为4 dB，稍微提高音量；❸单击"关闭"按钮，如图3-11所示，即可关闭该对话框。

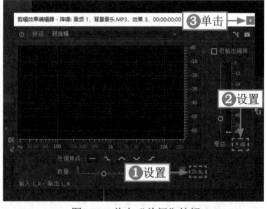

图3-10　单击"编辑"按钮　　　　图3-11　单击"关闭"按钮

专家指点

在"降噪"音频效果中，"数量"参数用于设置降噪的程度，它的数值越大，音频的降噪程度就越强。但是，要根据实际情况进行调整，不能直接将其调到最大，否则容易损坏音质。

在对音频降噪之后，可通过"增益"参数来调整降噪后音频的音量。如果对音频降噪后，音频中的音量变小了，此时可以通过调整"增益"的数值来提高音量；反之，则可以降低音量。

3.2.4 导出视频

添加完背景音乐后，就可以导出最终的视频效果了。为了让视频画面看起来更加清晰，可以在导出视频时调整其分辨率，如以4K的分辨率将其导出。下面介绍在Premiere Pro 2023中导出视频的操作方法。

STEP 01 >>> 在工具栏中，❶单击"导出"按钮；❷在"导出"界面中，设置视频的文件名和位置，如图3-12所示。

STEP 02 >>> 展开"视频"选项，❶取消选中"帧大小"最右侧的复选框；❷单击▾按钮；❸在弹出的下拉列表框中选择4K（4096×2160）选项，如图3-13所示，使画面效果更好。

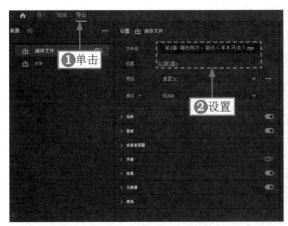

图3-12　设置文件名和位置

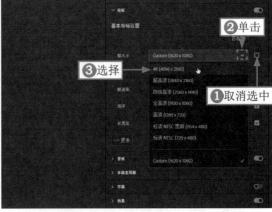

图3-13　选择4K（4096×2160）选项

STEP 03 >>> 单击界面右下角的"导出"按钮，如图3-14所示，即可将视频导出。

图3-14　单击"导出"按钮

04

SPECIAL EFFECTS

第4章 抠图特效：
制作《城市鲸鱼》

　　抠图特效是指把从某一素材中提取的元素或者场景，与其他素材进行合成，从而形成新的画面效果。通过在此基础上为视频添加关键帧、调色等，使其视频画面更加完善。如果创作者想要制作出新颖的视频，就可以通过对其进行抠图，合成令人惊喜的视频画面，吸引更多的观众来观看。

4.1 《城市鲸鱼》效果展示

在《城市鲸鱼》视频中，主要素材包括城市画面、鲸鱼和深海效果，所有的素材组合在一起，才能够营造出鲸鱼在城市上空游动的景象，产生视觉上的冲击。

在制作《城市鲸鱼》视频之前，首先来欣赏本案例的视频效果，并了解案例的学习目标、制作思路、知识讲解和要点讲堂。

4.1.1 效果欣赏

《城市鲸鱼》视频的画面效果如图4-1所示。

图4-1 画面效果

4.1.2 学习目标

知识目标	掌握抠图特效的制作方法
技能目标	（1）掌握在Premiere Pro 2023软件中导入素材的操作方法 （2）掌握为视频进行抠图的操作方法 （3）掌握为视频添加关键帧的操作方法 （4）掌握为视频进行调色的操作方法 （5）掌握为视频添加背景音乐的操作方法
本章重点	为视频进行抠图
本章难点	为视频添加关键帧
视频时长	6分11秒

4.1.3 制作思路

本案例首先介绍了在Premiere Pro 2023软件中导入素材，然后为视频进行抠图、添加关键帧、进行调色，最后添加背景音乐。图4-2所示为本案例视频的制作思路。

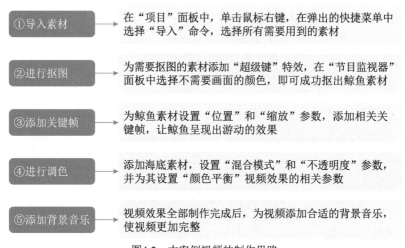

①导入素材	→	在"项目"面板中，单击鼠标右键，在弹出的快捷菜单中选择"导入"命令，选择所有需要用到的素材
②进行抠图	→	为需要抠图的素材添加"超级键"特效，在"节目监视器"面板中选择不需要画面的颜色，即可成功抠出鲸鱼素材
③添加关键帧	→	为鲸鱼素材设置"位置"和"缩放"参数，添加相关关键帧，让鲸鱼呈现出游动的效果
④进行调色	→	添加海底素材，设置"混合模式"和"不透明度"参数，并为其设置"颜色平衡"视频效果的相关参数
⑤添加背景音乐	→	视频效果全部制作完成后，为视频添加合适的背景音乐，使视频更加完整

图4-2 本案例视频的制作思路

4.1.4 知识讲解

抠图特效是将图片、视频素材中的某个部分或者元素从整体背景中分离出来，然后为分离出来的素材添加一个新的视频画面，使两者进行混合，从而合成一个令人惊喜的画面，让观者能够产生视觉震撼。

4.1.5 要点讲堂

在本章内容中，会用到一个Premiere Pro 2023的功能——抠图，这一功能的主要作用是将多种不同的元素组合在一个视频画面中，能够给观者以惊喜。

为视频进行抠图的主要方法为：为需要抠图的素材添加"超级键"特效，用画笔选取素材中的颜色，即可抠出想要的素材。

4.2 《城市鲸鱼》制作流程

本节将为大家介绍为视频添加抠图特效的操作方法，包括导入素材、进行抠图、添加关键帧、进行调色以及添加背景音乐，希望大家能够熟练掌握，能举一反三，从而制作出更加漂亮的视频。

4.2.1 导入素材

制作《城市鲸鱼》视频，首先需要在"项目"面板中导入所有需要用到的素材，这样可以方便以后视频的剪辑制作。下面介绍在Premiere Pro 2023中导入素材的操作方法。

扫码看视频

STEP 01 >>> 移动鼠标至"项目"面板中，单击鼠标右键，在弹出的快捷菜单中选择"导入"命令，如图4-3所示。

STEP 02 >>> 弹出"导入"对话框，选择所有需要用到的素材，单击"打开"按钮，即可将素材全部导入"项目"面板中，如图4-4所示。

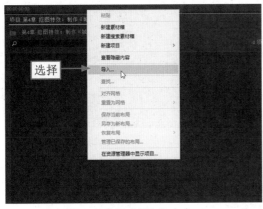

图4-3 选择"导入"命令

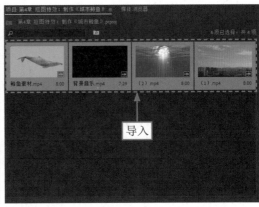

图4-4 将素材导入"项目"面板中

STEP 03 >>> 双击第1段视频素材，在"源监视器"面板中，移动鼠标到"仅拖动视频"按钮■上，长按鼠标左键，将第1段视频拖曳至"时间轴"面板的V1轨道中，如图4-5所示。

STEP 04 >>> 用同样的方法，拖曳鲸鱼素材至"时间轴"面板的V2轨道中，如图4-6所示。

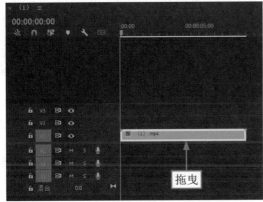

图4-5 拖曳第1段视频素材至V1轨道中

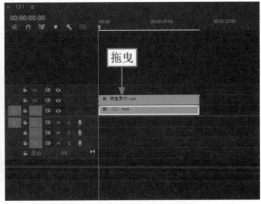

图4-6 拖曳鲸鱼素材至V2轨道中

4.2.2 进行抠图

导入素材之后，接下来就可以进行抠图了，制作《城市鲸鱼》视频，需要抠出鲸鱼素材。下面介绍在Premiere Pro 2023中进行抠图的操作方法。

扫码看视频

STEP 01 >>> 选择V2轨道中的素材，在"效果"面板中，❶展开"视频效果"|"键控"选项；❷选择"超级键"选项，如图4-7所示，双击鼠标左键，即可为素材添加该特效。

STEP 02 >>> 在"效果控件"面板中，单击"主要颜色"选项右侧的❷按钮，如图4-8所示。

STEP 03 >>> 移动鼠标至"节目监视器"面板中，使其停留在绿色的视频画面上，如图4-9所示。

STEP 04 >>> 单击鼠标左键，即可成功抠出鲸鱼，在"节目监视器"面板中可以预览画面效果，如图4-10所示。

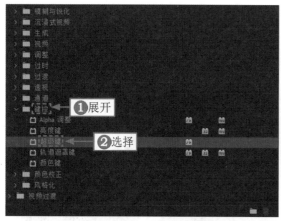

图4-7　选择"超级键"选项

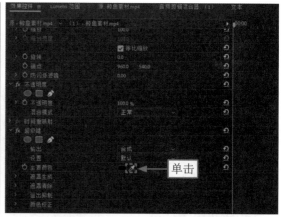

图4-8　单击相应按钮

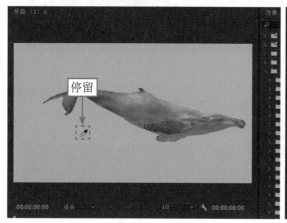

图4-9　鼠标停留在绿色的视频画面上

图4-10　预览画面效果

4.2.3　添加关键帧

扫码看视频

为了让鲸鱼有游动的效果，在制作视频时，需要为其添加关键帧，这样鲸鱼才会更加活灵活现。下面介绍在Premiere Pro 2023中添加关键帧的操作方法。

STEP 01 ▶▶▶ 在"效果控件"面板中，单击"位置"左侧的"切换动画"按钮 ◎，如图4-11所示。

STEP 02 ▶▶▶ ❶设置"位置"参数为（-264.0,418.0）；❷添加一个关键帧，如图4-12所示。

图4-11　单击"切换动画"按钮

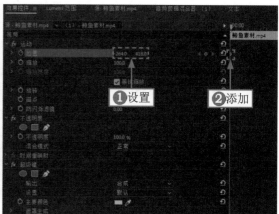

图4-12　添加一个关键帧

STEP 03 ▶▶▶ ❶单击"缩放"左侧的"切换动画"按钮⊙；❷设置"缩放"参数为60.0，适当缩小鲸鱼在画面中的大小；❸添加第2个关键帧，如图4-13所示。

STEP 04 ▶▶▶ ❶拖曳时间滑块至视频结束位置；❷设置"位置"参数为（1373.0,418.0）；❸添加第3个关键帧，如图4-14所示。

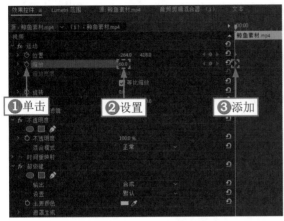
图4-13　添加第2个关键帧

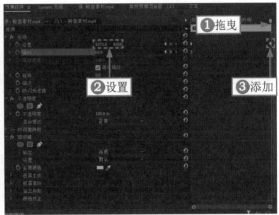
图4-14　添加第3个关键帧

4.2.4　进行调色

添加完成关键帧后，接下来就可以对视频画面进行调色处理，使其整体画面看起来更加精美。下面介绍在Premiere Pro 2023中为视频进行调色的操作方法。

扫码看视频

STEP 01 ▶▶ 添加第2段视频素材至"时间轴"面板的V3轨道中，如图4-15所示。

STEP 02 ▶▶ 选择第2段视频素材，在"效果控件"面板中，❶设置"混合模式"为"滤色"；❷设置"不透明度"参数为80.0%，如图4-16所示，使画面效果更好。

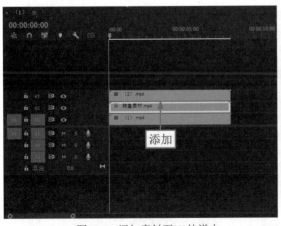
图4-15　添加素材至V3轨道中

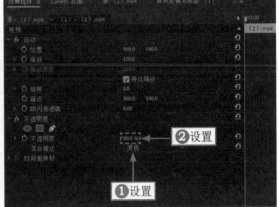
图4-16　设置"不透明度"参数

STEP 03 ▶▶ 在"效果"面板中，❶展开"视频效果"|"颜色校正"选项；❷选择"颜色平衡"选项，如图4-17所示。

STEP 04 ▶▶ 双击鼠标左键，在"效果控件"面板中，设置"高光蓝色平衡"参数为15.0，如图4-18所示，适当增加画面中的蓝色，让画面看起来更加自然。

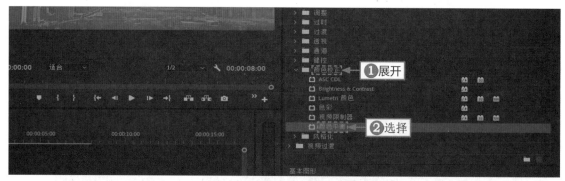

图4-17 选择"颜色平衡"选项

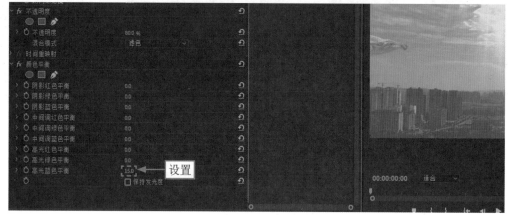

图4-18 设置"高光蓝色平衡"参数

4.2.5 添加背景音乐

扫码看视频

视频制作完成后，接下来为其添加一个合适的背景音乐。下面介绍在Premiere Pro 2023中添加背景音乐的操作方法。

STEP 01 >>> 双击背景音乐素材，在"源监视器"面板中，移动鼠标到"仅拖动音频"按钮 上，长按鼠标左键，将该素材中的音频拖曳至"时间轴"面板的A1轨道中，如图4-19所示。

STEP 02 >>> 选择音频素材，在"效果"面板中，❶展开"音频过渡"|"交叉淡化"选项；❷选择"恒定功率"选项，如图4-20所示，长按鼠标左键将其拖曳至音频素材上。调整其时长，使其与音频素材时长保持一致。

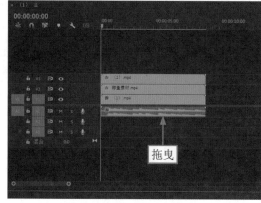

图4-19 拖曳音频至A1轨道中

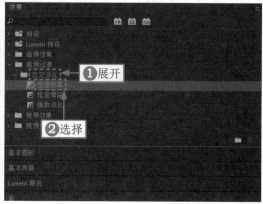

图4-20 选择"恒定功率"选项

SPECIAL EFFECTS

第5章 | 卡点特效：
制作《繁花似锦》

　　卡点特效主要是在画面切换时卡住背景音乐中的节奏鼓点，使视频更有节奏感。要制作卡点效果，最主要的就是选择节奏感较强的背景音乐，这样呈现出来的视频才会更具层次感和动感，能够在一定程度上提升观众的观看兴趣。

5.1 《繁花似锦》效果展示

为了让视频更有卡点效果，在《繁花似锦》视频中，除了节奏感较强的背景音乐外，还为其添加了拍照声音效。视频画面切换之前，拍照声音效的出现不仅能够增强视频的卡点效果，而且还能使画面呈现出定格效果。

在制作《繁花似锦》视频之前，首先来欣赏本案例的视频效果，并了解案例的学习目标、制作思路、知识讲解和要点讲堂。

5.1.1　效果欣赏

《繁花似锦》视频的画面效果如图5-1所示。

图5-1　画面效果

5.1.2　学习目标

知识目标	掌握卡点特效的制作方法
技能目标	（1）掌握在Premiere Pro 2023中导入素材的操作方法 （2）掌握为视频添加标记的操作方法 （3）掌握为视频添加特效的操作方法 （4）掌握为视频添加音效的操作方法
本章重点	为视频添加标记
本章难点	为视频添加音效
视频时长	9分17秒

5.1.3　制作思路

本案例首先介绍了在Premiere Pro 2023中导入素材，然后为视频添加标记和特效，最后添加音效。图5-2所示为本案例视频的制作思路。

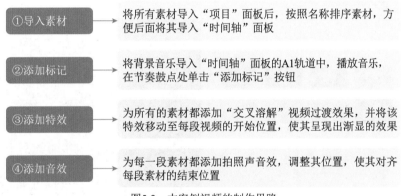

图5-2　本案例视频的制作思路

5.1.4　知识讲解

卡点特效的制作思路是先添加一段有节奏感的背景音乐，为其添加标记，然后将每段素材的结束位置对齐标记，从而形成卡点效果。为视频添加卡点效果，能够让整个视频更有节奏感，提升观众的观看体验。

5.1.5　要点讲堂

在本章内容中，会用到一个Premiere Pro 2023的功能——添加标记，这一功能的主要作用是让视频更具节奏感和层次感，吸引到更多的观众。

为视频添加标记的主要方法为：选择一段节奏感较强的背景音乐，在鼓点较强的地方添加多个标记。有时候背景音乐的节奏鼓点并不能明显地从缩略图中看出来，此时就可以一边播放音乐，一边根据节奏添加标记。

5.2 《繁花似锦》制作流程

本节将为大家介绍为视频添加卡点特效的操作方法，包括导入素材、添加标记、添加特效以及添加音效，希望大家能够熟练掌握。

5.2.1 导入素材

扫码看视频

为《繁花似锦》视频添加卡点效果，首先需要导入全部的素材。因为用到的素材较多，所以需要对其进行排序，这样能够方便以后的素材处理。下面介绍在Premiere Pro 2023中导入素材的操作方法。

STEP 01 >>> 在"项目"面板中，双击"导入媒体以开始"按钮，弹出"导入"对话框，❶选择全部的素材；❷单击"打开"按钮，如图5-3所示。

STEP 02 >>> 执行操作后，即可将全部素材导入"项目"面板中，此时可以看到素材的排列顺序是混乱的，单击"排序图标"按钮▤，如图5-4所示。

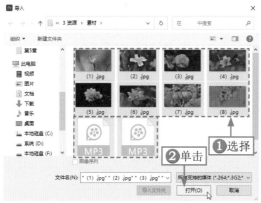

图5-3　单击"打开"按钮

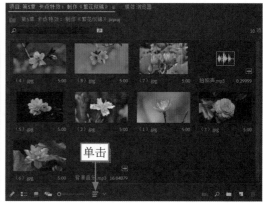

图5-4　单击"排序图标"按钮

STEP 03 >>> 弹出列表框，选择"名称"选项，如图5-5所示。

STEP 04 >>> 执行操作后，即可将"项目"面板中的素材按照名称排序，效果如图5-6所示。

图5-5　选择"名称"选项

图5-6　按素材名称排序的"项目"面板

5.2.2 添加标记

扫码看视频

　　我们需要在背景音乐的节奏鼓点添加标记，这样能够方便后面的操作，制作出卡点效果。下面介绍在Premiere Pro 2023中添加标记的操作方法。

STEP 01 ≫≫ 拖曳背景音乐素材至"时间轴"面板的A1轨道中，如图5-7所示。

STEP 02 ≫≫ 在"节目监视器"面板中，单击"播放-停止切换"按钮▶，根据音乐节奏点在合适的位置，单击"添加标记"按钮▼，为背景音乐添加多个标记，效果如图5-8所示。

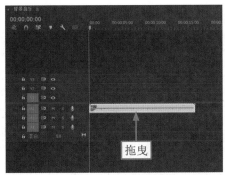
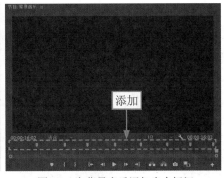

图5-7　拖曳背景音乐素材至A1轨道中　　　　图5-8　为背景音乐添加多个标记

STEP 03 ≫≫ 选择"项目"面板中需要用到的素材，长按鼠标左键，将其拖曳至"时间轴"面板的V1轨道中，如图5-9所示。

STEP 04 ≫≫ 选择第1个标记，根据时间滑块的位置调整第1段素材的时长，使其对齐第1个标记，如图5-10所示。

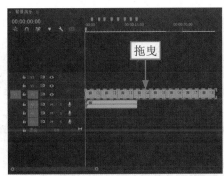
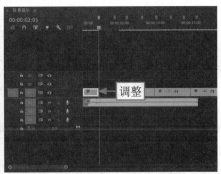

图5-9　拖曳素材至"时间轴"面板的V1轨道中　　图5-10　调整第1段素材的时长

STEP 05 ≫≫ 用同样的方法，调整剩余素材的时长，使其对齐各自的标记，如图5-11所示。调整背景音乐的时长，使其对齐素材的结束位置。

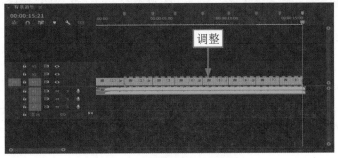

图5-11　调整剩余素材的时长

5.2.3　添加特效

扫码看视频

为了让画面切换更加自然，可以为每段素材都添加"交叉溶解"特效，并适当调整其位置，从而达到视频画面渐显的效果。下面介绍在Premiere Pro 2023中添加特效的操作方法。

STEP 01 ≫≫ 在"效果"面板中，❶展开"视频过渡"|"溶解"选项；❷选择"交叉溶解"选项，如图5-12所示。

STEP 02 ≫≫ 长按鼠标左键，将其拖曳至V1轨道上第1段素材的开始位置，如图5-13所示。

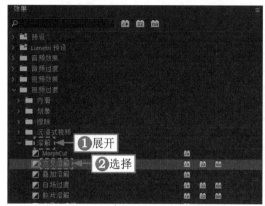

图5-12　选择"交叉溶解"选项　　　　图5-13　拖曳"交叉溶解"特效至合适位置

STEP 03 ≫≫ 用同样的方法，为剩余的素材都添加"交叉溶解"视频过渡效果，如图5-14所示。因为素材的尺寸不同，所以在"效果控件"面板中，可以适当调整素材的"缩放"参数，使画面看起来更舒服。

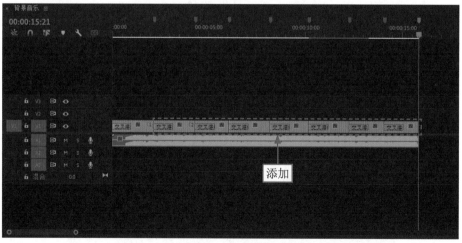

图5-14　为素材添加"交叉溶解"视频过渡效果

5.2.4　添加音效

扫码看视频

为视频添加完特效后，接下来就需要为其添加音效了。在素材切换之前，为视频添加拍照声音效，能够听到拍照时的声音，从而营造出画面定格的效果。下面介绍在Premiere Pro 2023中为视频添加音效的操作方法。

STEP 01 ≫≫ 选择第1个标记，移动时间轴，拖曳拍照声音效至"时间轴"面板的A2轨道中，使其结束位置对齐时间轴，如图5-15所示。

STEP 02 ≫ 用同样的方法，为剩余的素材都添加一个拍照声音效，效果如图5-16所示。

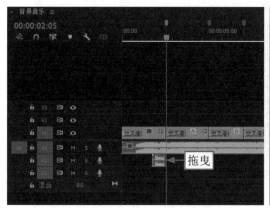

图5-15　拖曳拍照声音效至A2轨道中

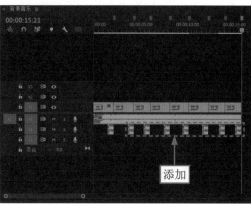

图5-16　添加拍照声音效

STEP 03 ≫ 在工具栏中，❶单击"导出"按钮；❷设置视频的文件名和位置，如图5-17所示。

STEP 04 ≫ 单击界面右下角的"导出"按钮，如图5-18所示，即可导出视频。

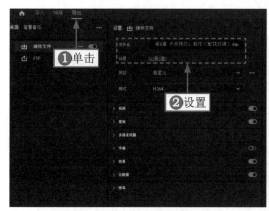

图5-17　设置文件名和位置

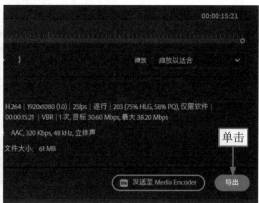

图5-18　单击"导出"按钮

06

SPECIAL EFFECTS

第6章 | 片头特效：
制作《城市风光》

片头主要是指视频内容的开头，即用于吸引观众观看视频的片段。每一个视频都可以添加片头特效，从整体来看，添加片头特效能让视频更加完整，这样观众在观看视频的时候，能够体验到视频的层次感，从而对接下来的内容产生兴趣。

6.1 《城市风光》效果展示

　　《城市风光》视频主要是为了展示城市白天到夜晚的风景，所以使用电影的开幕效果进行制作，能够更加突出城市的美丽，使视频看起来更显专业、高级。

　　在制作《城市风光》视频之前，首先来欣赏本案例的视频效果，并了解案例的学习目标、制作思路、知识讲解和要点讲堂。

6.1.1　效果欣赏

　　《城市风光》视频的画面效果如图6-1所示。

图6-1　画面效果

6.1.2　学习目标

知识目标	掌握片头特效的制作方法
技能目标	（1）掌握为视频添加关键帧的操作方法 （2）掌握为视频添加文字的操作方法 （3）掌握为视频添加特效的操作方法 （4）掌握为视频添加背景音乐的操作方法
本章重点	为视频添加关键帧
本章难点	为视频添加特效
视频时长	7分49秒

6.1.3　制作思路

本案例首先介绍了为视频添加关键帧、文字，然后为其添加特效，最后添加背景音乐。图6-2所示为本案例视频的制作思路。

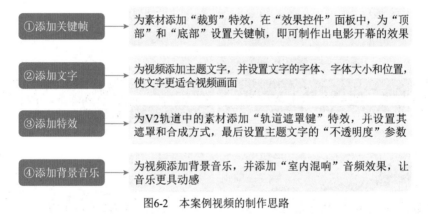

图6-2　本案例视频的制作思路

6.1.4　知识讲解

片头特效的主要作用是吸引观众的注意力，使其对视频产生观看兴趣。在制作片头特效的时候，应该考虑视频的画面内容，通过内容来制作片头特效。比如，制作动漫类的片头，就可以使用粒子消散等素材对主题文字进行设计，使整个画面呈现出国风的效果。

6.1.5　要点讲堂

在本章内容中，会用到一个Premiere Pro 2023的功能——添加关键帧，这一功能的主要作用是实现复杂的动画效果。在《城市风光》视频中，为视频添加关键帧，可以实现动画缩放效果，从而使视频呈现出电影开幕的效果。

为视频添加关键帧的主要方法为：拖曳时间滑块至合适的位置，在"效果控件"面板中，选择希望添加的关键帧属性，单击其左侧的"切换动画"按钮，创建关键帧，再次拖曳时间滑块，设置好关键帧属性的参数，添加第2个关键帧，即可完成关键帧的添加。需要注意的是，只有添加了两个或两个以上的关键帧，才能实现效果变化。

6.2 《城市风光》制作流程

本节将为大家介绍为视频添加片头特效的操作方法，包括添加关键帧、文字、特效和背景音乐，希望大家能够熟练掌握。

6.2.1 添加关键帧

为视频添加关键帧，能够制作出电影级的片头效果。下面介绍在Premiere Pro 2023中添加关键帧的操作方法。

STEP 01 >>> 双击"项目"面板中的视频素材，在"源监视器"面板中，移动鼠标到"仅拖动视频"按钮■上，长按鼠标左键，将视频素材拖曳至"时间轴"面板的V1轨道中，如图6-3所示。

STEP 02 >>> 在"效果"面板中，❶展开"视频效果"|"变换"选项；❷选择"裁剪"选项，如图6-4所示，双击鼠标左键，即可为视频素材添加"裁剪"视频效果。

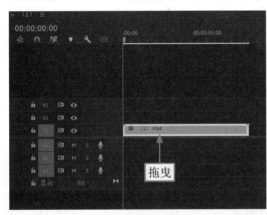

图6-3　拖曳视频素材至V1轨道中

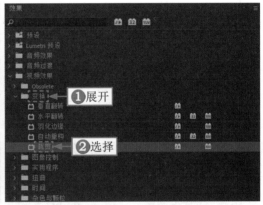

图6-4　选择"裁剪"选项

STEP 03 >>> 在"效果控件"面板中，❶单击"顶部"和"底部"左侧的"切换动画"按钮■；❷添加一组关键帧，如图6-5所示。

STEP 04 >>> 拖曳时间滑块至00:00:00:25的位置，在"效果控件"面板中，❶设置"顶部"参数为34.0%；❷设置"底部"参数为17.0%；❸添加第2组关键帧，如图6-6所示。

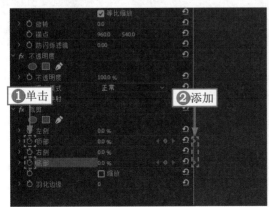

图6-5　添加一组关键帧

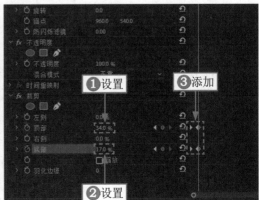

图6-6　添加第2组关键帧

STEP 05 >>> 在"节目监视器"面板中预览画面效果，如图6-7所示。

图6-7 预览画面效果

6.2.2 添加文字

制作片头特效时，还有一个非常关键的步骤，就是添加片头的主题文字，就像电影、电视剧开头显示的片名一样，能够起到引领整个视频的作用。下面介绍在Premiere Pro 2023中添加文字的操作方法。

扫码看视频

STEP 01 >>> 按住Alt键，复制V1轨道中的视频素材至V2轨道，如图6-8所示。

STEP 02 >>> 选择V2轨道中的视频素材，在"效果控件"面板中，选择"裁剪"选项，如图6-9所示，按Delete键删除该特效。

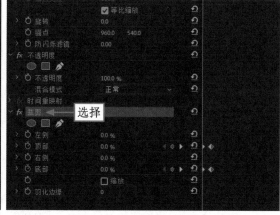

图6-8 复制V1轨道中的素材至V2轨道　　　　图6-9 选择"裁剪"选项

STEP 03 >>> 选择"文字工具" **T**，在"节目监视器"面板中单击鼠标左键，即可创建一个文本框，在其中输入主题文字"城市风光"，如图6-10所示。

STEP 04 >>> 在"效果控件"面板中，❶设置文字的"字体"为"楷体"；❷设置"字体大小"参数为120；❸设置"字距调整"参数为200，如图6-11所示。

STEP 05 >>> 设置文本的"位置"参数为（670.0,315.0），如图6-12所示，适当调整文字的位置，使其更符合视频画面。

图6-10　输入主题文字

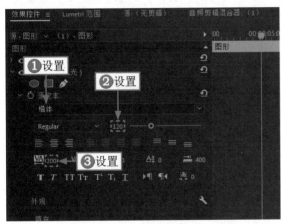

图6-11　设置"字距调整"参数

图6-12　设置"位置"参数

STEP 06 >>> 在"节目监视器"面板中预览画面效果，如图6-13所示。

图6-13　预览画面效果

6.2.3 添加特效

在《城市风光》视频中，也需要为主题文字添加特效，使它的存在和出现更加自然。下面介绍在Premiere Pro 2023中添加特效的操作方法。

STEP 01 ➤➤➤ 选择V2轨道中的视频素材，在"效果"面板中，❶展开"视频效果"|"键控"选项；❷选择"轨道遮罩键"选项，如图6-14所示，双击鼠标左键，即可为该视频素材添加"轨道遮罩键"视频效果。

STEP 02 ➤➤➤ 在"效果控件"面板中，❶设置"遮罩"为"视频3"；❷设置"合成方式"为"亮度遮罩"，如图6-15所示。

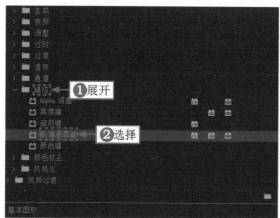

图6-14　选择"轨道遮罩键"选项

图6-15　设置"合成方式"为"亮度遮罩"

STEP 03 ➤➤➤ 拖曳时间滑块至00:00:00:25的位置，选择V3轨道中的素材，在"效果控件"面板中，❶单击"不透明度"左侧的"切换动画"按钮■；❷设置"不透明度"参数为0.0%；❸添加一个关键帧，如图6-16所示。

STEP 04 ➤➤➤ 拖曳时间滑块至00:00:01:15的位置，在"效果控件"面板中，❶设置"不透明度"参数为100.0%；❷添加第2个关键帧，如图6-17所示。

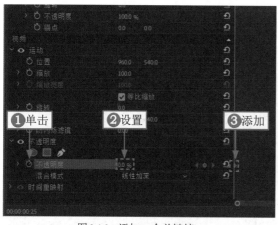

图6-16　添加一个关键帧

图6-17　添加第2个关键帧

STEP 05 ➤➤➤ 调整V3轨道字幕的时长，使其与V1和V2轨道中的素材时长保持一致，如图6-18所示。

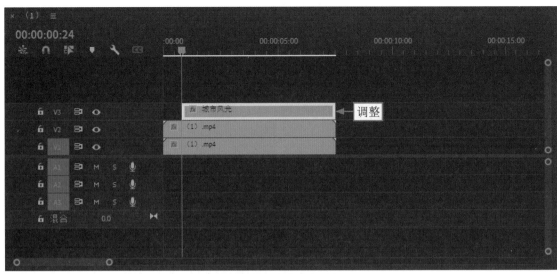

图6-18 调整字幕的时长

6.2.4 添加背景音乐

如果想要片头更有电影感，还需要给最终的效果添加一个有氛围感的背景音乐。合适的背景音乐能够在一定程度上渲染画面氛围，更好地传达视频中的情感，让观众感同身受，从而提高该视频对观众的吸引力。下面介绍在Premiere Pro 2023中添加背景音乐的操作方法。

扫码看视频

STEP 01 ▷▷▷ 双击"项目"面板中的背景音乐素材，在"源监视器"面板中，移动鼠标到"仅拖动音频"按钮 上，长按鼠标左键，将该素材中的音频拖曳至"时间轴"面板的A1轨道中，如图6-19所示。

STEP 02 ▷▷▷ 调整音频的时长，使其与其他轨道中的素材时长保持一致，如图6-20所示。

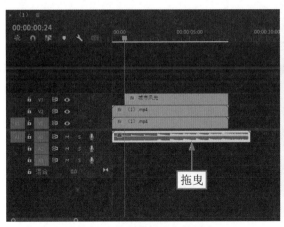

图6-19 拖曳音频至A1轨道中

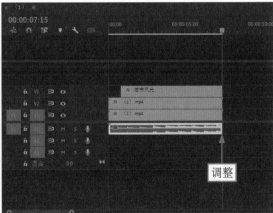

图6-20 调整音频的时长

STEP 03 ▷▷▷ 在"效果"面板中，❶展开"音频效果"|"混响"选项；❷选择"室内混响"选项，如图6-21所示，双击鼠标左键，为素材添加"室内混响"音频效果。

STEP 04 ▷▷▷ 拖曳时间滑块至00:00:01:00的位置，在"效果控件"面板中，❶单击"旁路"左侧的"切换动画"按钮 ；❷选中"旁路"复选框；❸添加一个关键帧，如图6-22所示。

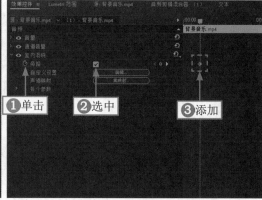

图6-21 选择"室内混响"选项　　　　　图6-22 添加一个关键帧

STEP 05 ▶▶▶ 拖曳时间滑块至00:00:07:00的位置，在"效果控件"面板中，❶取消选中"旁路"复选框；❷添加第2个关键帧，如图6-23所示。

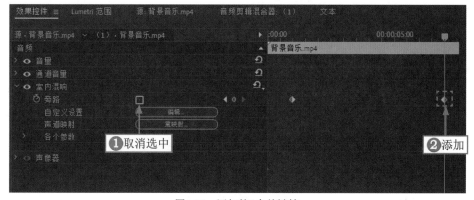

图6-23 添加第2个关键帧

07

SPECIAL EFFECTS

第7章 | 片尾特效：
制作《电影谢幕》

　　片尾主要是指视频内容的结尾，用于总结视频前面的内容，也可以是对新内容的展望。为视频添加片尾特效，也能让视频更加完整。因为片尾特效位于视频的结尾，所以它的主要目的不是去吸引观众来看，而是抓住观众的心，让观众在看完之后，内心产生触动，从而对创作者之后的视频产生期待。

7.1 《电影谢幕》效果展示

　　在《电影谢幕》视频中，以影视剧的结束形式来制作片尾，在视频画面的左侧播放视频内容，右侧则是以滚动的形式向观众介绍制作这个视频画面的工作人员。创作者在制作片尾的时候，可以根据自己的想法和视频内容，自行选择和制作右侧字幕的内容。

　　在制作《电影谢幕》视频之前，首先来欣赏本案例的视频效果，并了解案例的学习目标、制作思路、知识讲解和要点讲堂。

7.1.1　效果欣赏

　　《电影谢幕》视频的画面效果如图7-1所示。

图7-1　画面效果

7.1.2 学习目标

知识目标	掌握片尾特效的制作方法
技能目标	（1）掌握为视频添加关键帧的操作方法 （2）掌握为视频添加文字的操作方法 （3）掌握为视频添加背景音乐的操作方法
本章重点	为视频添加关键帧
本章难点	为视频添加文字
视频时长	5分24秒

7.1.3 制作思路

本案例首先介绍了为视频添加关键帧，然后为其添加文字，最后添加背景音乐。图7-2所示为本案例视频的制作思路。

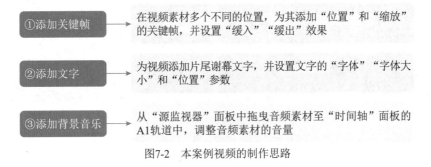

图7-2　本案例视频的制作思路

7.1.4 知识讲解

片尾特效的主要作用是总结前面的视频内容，整合整个视频的情感，让观众留下印象。在制作片尾特效的时候，需要注意片尾的时长不宜过长，否则容易让观众产生厌倦。

7.1.5 要点讲堂

在本章内容中，会用到一个Premiere Pro 2023的功能——添加文字，这一功能的主要作用是介绍和感谢制作团队。

为视频添加文字的主要方法为：在视频画面的合适位置，添加文字内容，设置"字体""字体大小""位置"参数，并通过为其添加关键帧，使其呈现出向上滚动的字幕效果。

7.2 《电影谢幕》制作流程

本节将为大家介绍为视频添加片尾特效的操作方法，包括添加关键帧、文字和背景音乐，希望大家能够熟练掌握。

7.2.1　添加关键帧

为视频添加关键帧，对于制作电影谢幕这种形式的视频画面来说，是非常重要的一个步骤，它能够使画面呈现出运动的效果。下面介绍在Premiere Pro 2023中添加关键帧的操作方法。

STEP 01 >>> 双击"项目"面板中的视频素材，在"源监视器"面板中，移动鼠标到"仅拖动视频"按钮■上，长按鼠标左键，将视频素材拖曳至"时间轴"面板的V1轨道中，如图7-3所示。

STEP 02 >>> 拖曳时间滑块至00:00:03:00的位置，在"效果控件"面板的"运动"选项组中，❶单击"位置"和"缩放"左侧的"切换动画"按钮■；❷添加一组关键帧，如图7-4所示。

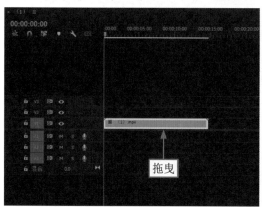

图7-3　拖曳视频素材至V1轨道中

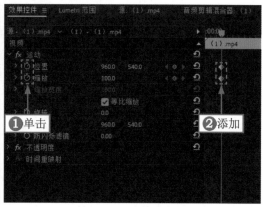

图7-4　添加一组关键帧

STEP 03 >>> 拖曳时间滑块至00:00:04:00的位置，❶设置"缩放"参数为50.0，适当缩小视频画面；❷添加一个关键帧；❸单击"位置"右侧的"添加/移除关键帧"按钮■；❹添加一个关键帧，如图7-5所示。

STEP 04 >>> 拖曳时间滑块至00:00:04:15的位置，在"效果控件"面板的"运动"选项组中，❶设置"位置"参数为（532.0,540.0），将视频画面向左边移动；❷添加一个关键帧，如图7-6所示。

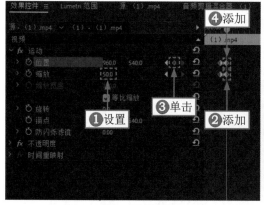

图7-5　添加一个关键帧（1）

图7-6　添加一个关键帧（2）

STEP 05 >>> 全选所有设置好的关键帧，单击鼠标右键，在弹出的快捷菜单中选择"临时插值"|"缓入"命令，如图7-7所示。

STEP 06 >>> 再次单击鼠标右键，在弹出的快捷菜单中选择"临时插值"|"缓出"命令，如图7-8所示。

 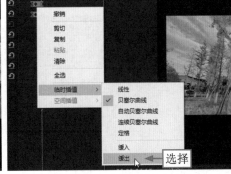

图7-7 选择"缓入"命令　　　　　　图7-8 选择"缓出"命令

专家指点

"临时插值"下"缓入"和"缓出"效果的作用如下所述。

（1）"缓入"：能让之前设置好的动画效果在进入关键帧位置的时候，减慢速度，从而使画面更趋稳定。

（2）"缓出"：能让之前设置好的动画效果在离开关键帧位置的时候，减慢速度，从而使画面过渡更加平缓。

7.2.2 添加文字

制作《电影谢幕》片尾，还有一个非常重要的步骤，就是添加谢幕的文字。下面介绍在Premiere Pro 2023中添加文字的操作方法。

扫码看视频

STEP 01 ▶▶▶ 选择"文字工具" **T**，在"节目监视器"面板中单击鼠标左键，即可创建一个文本框，在其中输入谢幕的文字，如图7-9所示。

图7-9 输入文字

STEP 02 ▶▶▶ 在"时间轴"面板中，调整字幕的时长，使其与视频素材的时长保持一致，如图7-10所示。

STEP 03 ▶▶▶ 在"效果控件"面板中，❶设置文字的"字体"为"楷体"；❷设置"字体大小"参数为40，适当缩小文字，如图7-11所示。

STEP 04 ▶▶▶ ❶单击"位置"左侧的"切换动画"按钮◎；❷设置"位置"参数为（1115.6,1116.1）；❸添加一个关键帧，如图7-12所示。

STEP 05 ▶▶▶ 拖曳时间滑块至00:00:14:20的位置，❶设置"位置"参数为（1115.6,−875.9）；❷添加一个关

键帧，如图7-13所示。

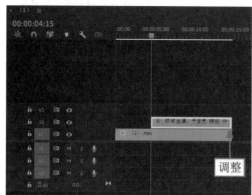

图7-10　调整字幕时长

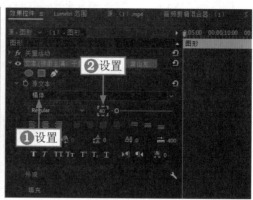

图7-11　设置"字体大小"参数

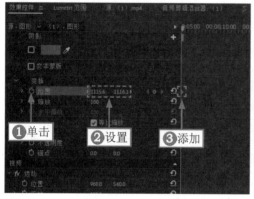

图7-12　添加一个关键帧（1）

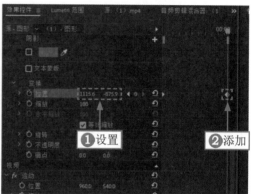

图7-13　添加一个关键帧（2）

7.2.3　添加背景音乐

扫码看视频

效果制作完成后，还需要给最终的效果添加背景音乐，并调整其音量，使其听起来更舒适。下面介绍在Premiere Pro 2023中添加背景音乐的操作方法。

STEP 01 ▶▶▶ 在"源监视器"面板中，移动鼠标到"仅拖动音频"按钮■上，长按鼠标左键，将该素材中的音频拖曳至"时间轴"面板的A1轨道中，如图7-14所示。

STEP 02 ▶▶▶ 选择音频素材，在"效果控件"面板的"音量"选项组中，❶单击"级别"左侧的"切换动画"按钮█；❷设置"级别"参数为–5.0 dB，适当降低音频音量，如图7-15所示。

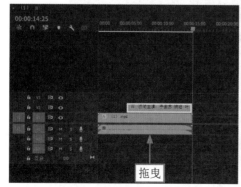

图7-14　拖曳音频至A1轨道中

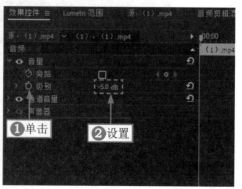

图7-15　设置"级别"参数

08

SPECIAL EFFECTS

第8章 **武侠类特效:**
制作《移形换位》

　　在武侠影视中,有很多武功借用了特效来呈现。武侠类的武功以刀剑类为主,当然也包括内力。比如,降龙十八掌,就是借用内力来发功,该招式呈现出的特效主要是金色的光芒、龙等。除此之外,要想在比武中达成某种效果,如快速换位,也需要借助特效来实现。

8.1 《移形换位》效果展示

制作《移形换位》中的武侠类特效，需要准备好两段人物素材、绿幕素材和空镜头。两段人物素材中人物的位置和大小需存在不同，这样在制作的时候才能呈现出人物变换的效果。

在制作《移形换位》视频之前，首先来欣赏本案例的视频效果，并了解案例的学习目标、制作思路、知识讲解和要点讲堂。

8.1.1 效果欣赏

《移形换位》视频的画面效果如图8-1所示。

图8-1　画面效果

8.1.2 学习目标

知识目标	掌握武侠类特效的制作方法
技能目标	（1）掌握为视频进行抠图的操作方法 （2）掌握为视频添加关键帧的操作方法 （3）掌握为视频添加文字的操作方法 （4）掌握为视频添加背景音乐的操作方法
本章重点	为视频进行抠图
本章难点	为视频添加关键帧
视频时长	10分33秒

8.1.3 制作思路

本案例首先介绍了为视频素材进行抠图，然后为视频添加关键帧和文字，最后添加背景音乐。图8-2所示为本案例视频的制作思路。

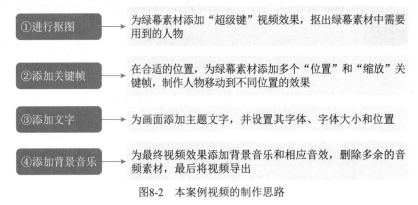

①进行抠图	→	为绿幕素材添加"超级键"视频效果，抠出绿幕素材中需要用到的人物
②添加关键帧	→	在合适的位置，为绿幕素材添加多个"位置"和"缩放"关键帧，制作人物移动到不同位置的效果
③添加文字	→	为画面添加主题文字，并设置其字体、字体大小和位置
④添加背景音乐	→	为最终视频效果添加背景音乐和相应音效，删除多余的音频素材，最后将视频导出

图8-2　本案例视频的制作思路

8.1.4 知识讲解

武侠类特效是指武侠类的影视剧中呈现出的特殊效果，如人物的轻功和不同的武功招式等，都需要借助特效来呈现。为视频添加武侠类特效，能够让我们体验到武侠世界中的功夫，满足自己的"江湖梦"。

8.1.5 要点讲堂

在本章内容中，会用到一个Premiere Pro 2023的功能——添加背景音乐，这一功能的主要作用是丰富画面内容，让画面不再单调，给观众带来视听双重享受。

为视频添加背景音乐的主要方法为：提前选择好合适的背景音乐素材，将其拖曳至"时间轴"面板中，并为其添加相应的音频过渡效果。也可以为视频添加不同的音效。

8.2 《移形换位》制作流程

本节将为大家介绍为视频添加武侠类特效的操作方法，包括进行抠图、添加关键帧、添加文字以及添加背景音乐，希望大家能够熟练掌握。

8.2.1 进行抠图

扫码看视频

制作《移形换位》视频中的武侠类特效，首先需要对绿幕素材进行抠图。下面介绍在Premiere Pro 2023中对绿幕素材进行抠图的操作方法。

STEP 01 ▶▶▶ 在"项目"面板中，导入所有的素材，双击第1段人物视频素材，在"源监视器"面板中，移动鼠标到"仅拖动视频"按钮■上，长按鼠标左键，将第1段人物视频素材拖曳至"时间轴"面板的V1轨道中，如图8-3所示。

STEP 02 ▶▶▶ 用同样的方法，将第2段人物视频素材拖曳至第1段人物素材的后面，如图8-4所示。拖曳绿幕素材至"时间轴"面板的V2轨道中，调整其位置，使其对齐第2段人物视频素材。

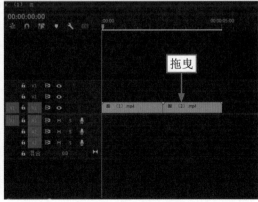

图8-3 拖曳第1段人物素材至V1轨道中　　图8-4 拖曳第2段人物素材至第1段人物素材后面

STEP 03 ▶▶▶ 拖曳时间滑块至00:00:02:17的位置，选择绿幕素材，在"效果"面板中，❶展开"视频效果"|"键控"选项；❷选择"超级键"选项，如图8-5所示，双击该选项，即可为绿幕素材添加"超级键"视频效果。

STEP 04 在"效果控件"面板的"超级键"选项组中,单击 ▲ 按钮,如图8-6所示。

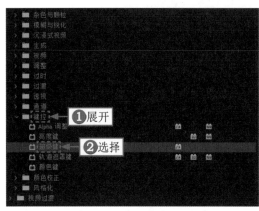
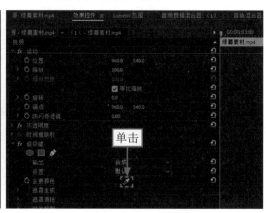

图8-5　选择"超级键"选项　　　　　　　　　图8-6　单击相应按钮

STEP 05 移动鼠标至"节目监视器"面板中的绿色画面上,单击鼠标左键,即可抠出人物素材中的人物,如图8-7所示。

图8-7　抠出素材中的人物

8.2.2　添加关键帧

想要制作人物快速换位的效果,需要为其添加关键帧,从而形成人物移动的效果。下面介绍在Premiere Pro 2023中添加关键帧的操作方法。

扫码看视频

STEP 01 ❶单击"位置"和"缩放"左侧的"切换动画"按钮 ◎;❷添加一组关键帧,如图8-8所示。

STEP 02 拖曳时间滑块至00:00:03:04的位置,❶设置"位置"参数为(324.0,654.0);❷设置"缩放"参数为111.0;❸添加第2组关键帧,如图8-9所示,使抠出的人物位于画面左侧。

STEP 03 拖曳时间滑块至00:00:03:25的位置,❶设置"位置"参数为(1365.0,456.0);❷设置"缩放"参数为165.0;❸添加第3组关键帧,如图8-10所示,使人像略微覆盖第2段人物视频素材中的人像。

STEP 04 选择第2段人物视频素材,如图8-11所示,按Delete键删除。

STEP 05 在"项目"面板中,双击空镜头素材,在"源监视器"面板中,移动鼠标到"仅拖动视频"按钮 ▣ 上,长按鼠标左键,将空镜头素材拖曳至第1段人物视频素材的后面,如图8-12所示。

STEP 06 用同样的方法,拖曳第2段视频素材至空镜头素材的后面,如图8-13所示。

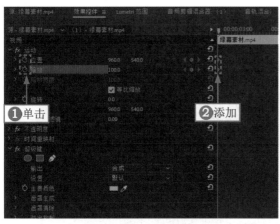

图8-8　添加一组关键帧

图8-9　添加第2组关键帧

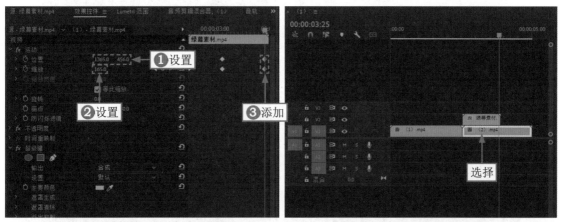

图8-10　添加第3组关键帧

图8-11　选择第2段人物视频素材

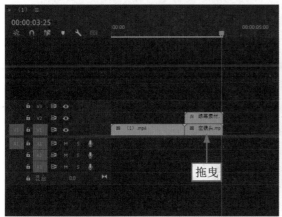

图8-12　拖曳空镜头素材至第1段素材后面

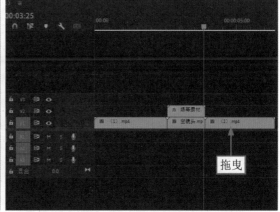

图8-13　拖曳第2段视频素材至空镜头素材后面

8.2.3　添加文字

一般在武侠影视剧中，人物使用了什么武功，都会直接说出来或者用字幕标注，让观众一看便知道是什么招式。下面介绍在Premiere Pro 2023中为视频添加文字的操作方法。

STEP 01 ▶▶▶ 拖曳时间滑块至00:00:04:02的位置，选择"文字工具" ⊤，在"节目监视器"面板中单击鼠标左键，即可创建一个文本框，在其中输入文字"移形换位"，如图8-14所示。

STEP 02 ▶▶▶ 在"效果控件"面板中，❶设置文字的"字体"为"楷体"；❷设置"字体大小"参数为105，如图8-15所示。

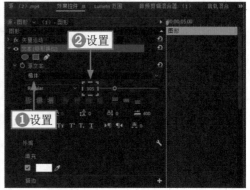

图8-14　输入文字 　　　　　　　　　　　图8-15　设置"字体大小"参数

STEP 03 ▶▶▶ 在"外观"选项组中，❶选中"描边"复选框；❷单击颜色色块，如图8-16所示。

STEP 04 ▶▶▶ 在弹出的"拾色器"对话框中，❶设置RGB参数为（167,72,72）；❷单击"确定"按钮，如图8-17所示，即可设置好文字的描边颜色。

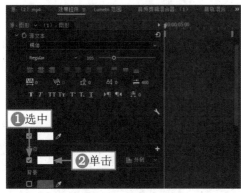
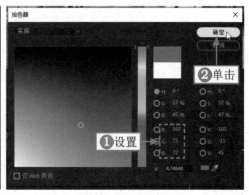

图8-16　单击颜色色块 　　　　　　　　　图8-17　单击"确定"按钮

STEP 05 ▶▶▶ 设置"描边宽度"参数为6.0，如图8-18所示。

STEP 06 ▶▶▶ ❶选中"背景"复选框；❷单击颜色色块，如图8-19所示。

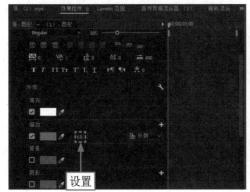
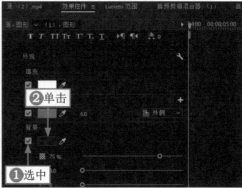

图8-18　设置"描边宽度"参数 　　　　　图8-19　单击颜色色块

STEP 07 ▶▶▶ 在弹出的"拾色器"对话框中，❶设置RGB参数为（166,150,150）；❷单击"确定"按钮，如图8-20所示，即可设置文字的背景颜色。

STEP 08 ▶▶▶ 设置"不透明度"参数为35%，如图8-21所示，让背景颜色更符合视频画面。

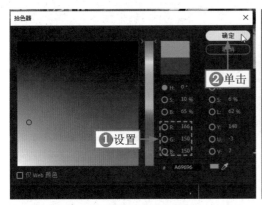

图8-20 单击"确定"按钮

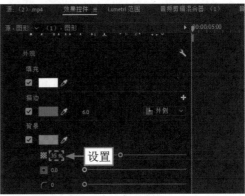

图8-21 设置"不透明度"参数

STEP 09 ▶▶▶ 设置"位置"参数为（238.0,464.0），如图8-22所示，调整文字的位置。

STEP 10 ▶▶▶ 调整文字素材的时长，使其与V1轨道中的素材的时长保持一致，如图8-23所示。

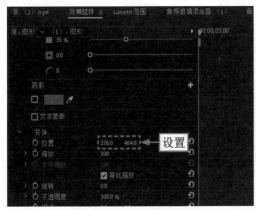

图8-22 设置"位置"参数

图8-23 调整文字素材的时长

8.2.4 添加背景音乐

扫码看视频

所有的效果都制作完成后，接下来为视频添加一个合适的背景音乐，因为《移形换位》视频中的画面是在树林里面，所以还可以为其添加鸟叫声的音效，让画面更加真实。下面介绍在Premiere Pro 2023中添加背景音乐的操作方法。

STEP 01 ▶▶▶ 双击"项目"面板中的背景音乐素材，在"源监视器"面板中，移动鼠标到"仅拖动音频"按钮 ⊞ 上，长按鼠标左键，将背景音乐素材拖曳至"时间轴"面板的A1轨道中，使背景音乐素材的结束位置与V1轨道上素材的结束位置对齐，如图8-24所示。

STEP 02 ▶▶▶ 用同样的方法，拖曳鸟叫声素材至"时间轴"面板的A2轨道中，如图8-25所示。

STEP 03 ▶▶▶ ❶拖曳时间滑块至视频素材的结束位置；❷选择"剃刀工具" ◣；❸在A2轨道的素材上单击鼠标左键，如图8-26所示，即可分割出多余的音频。

STEP 04 ▶▶▶ ❶选择"选择工具" ▶；❷选择分割后的第2段音频素材，如图8-27所示，按Delete键删除多余的音频。

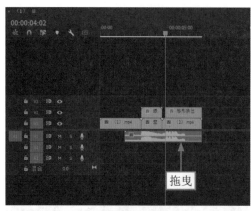

图8-24　拖曳背景音乐素材至A1轨道中

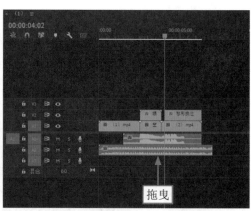

图8-25　拖曳鸟叫声素材至A2轨道中

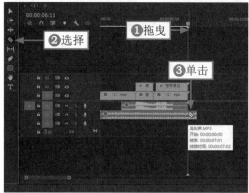

图8-26　单击鼠标左键

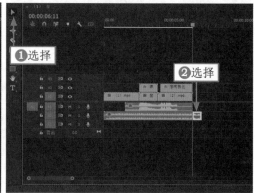

图8-27　选择分割后的第2段音频素材

STEP 05 ▶▶▶ 在"效果"面板中，❶展开"音频过渡"|"交叉淡化"选项；❷选择"恒定功率"选项，如图8-28所示。

STEP 06 ▶▶▶ 将选择的"恒定功率"音频过渡效果添加到鸟叫声素材的开始位置，如图8-29所示，使音乐听起来更舒服。

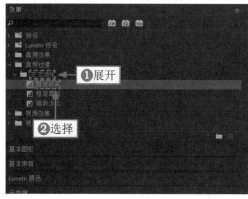

图8-28　选择"恒定功率"选项

图8-29　添加"恒定功率"音频过渡效果

STEP 07 ▶▶▶ 调整"恒定功率"音频过渡效果的时长，使其对齐背景音乐素材，如图8-30所示。

STEP 08 ▶▶▶ 所有效果都制作完成后，即可将最终的效果视频导出，单击工具栏中的"导出"按钮，如图8-31所示。

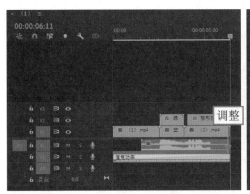
图8-30 调整"恒定功率"音频过渡效果的时长

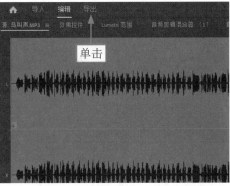
图8-31 单击"导出"按钮（1）

STEP 09 >>> 进入"导出"界面，设置视频的文件名和位置，如图8-32所示。

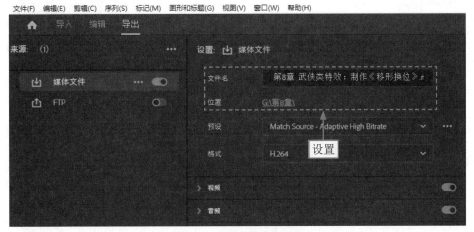
图8-32 设置文件名和位置

STEP 10 >>> 单击界面右下角的"导出"按钮，如图8-33所示，稍等片刻后，即可将效果视频导出。

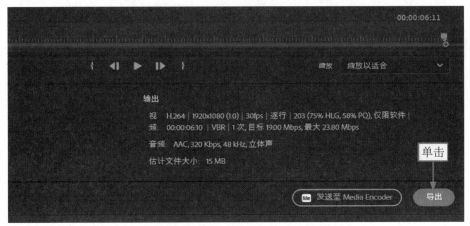
图8-33 单击"导出"按钮（2）

09

SPECIAL EFFECTS

第9章 | 仙侠类特效：
制作《人物出场》

在一众仙侠剧中，《仙剑奇侠传》是大众评分非常高的一部电视剧。在该电视剧中，使用了多种仙侠类特效，如介绍人物出场、御剑飞行等。这些特效极具特色，又富有新意，将其加入自己的视频制作中，能给视频带来更多的创意。

9.1 《人物出场》效果展示

　　制作仙剑人物出场特效，需要准备好合适的人物素材和出场素材。因为是仙侠题材，所以准备的人物素材需要符合仙侠这一特点，即人物最好穿上古装。

　　在制作《人物出场》视频之前，首先来欣赏本案例的视频效果，并了解案例的学习目标、制作思路、知识讲解和要点讲堂。

9.1.1 效果欣赏

　　《人物出场》视频的画面效果如图9-1所示。

图9-1　画面效果

9.1.2 学习目标

知识目标	掌握仙侠类特效的制作方法
技能目标	（1）掌握在Premiere Pro 2023中导入素材的操作方法 （2）掌握为视频进行抠图的操作方法 （3）掌握为视频添加文字的操作方法 （4）掌握为视频添加特效的操作方法
本章重点	为视频进行抠图
本章难点	为视频添加文字
视频时长	7分40秒

9.1.3 制作思路

本案例首先介绍了在Premiere Pro 2023中导入素材，然后为视频进行抠图和添加文字，最后为视频添加特效。图9-2所示为本案例视频的制作思路。

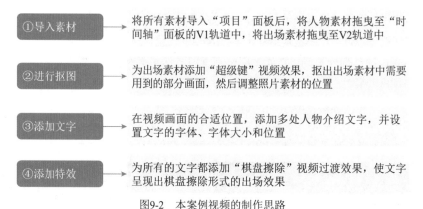

①导入素材	→	将所有素材导入"项目"面板后，将人物素材拖曳至"时间轴"面板的V1轨道中，将出场素材拖曳至V2轨道中
②进行抠图	→	为出场素材添加"超级键"视频效果，抠出出场素材中需要用到的部分画面，然后调整照片素材的位置
③添加文字	→	在视频画面的合适位置，添加多处人物介绍文字，并设置文字的字体、字体大小和位置
④添加特效	→	为所有的文字都添加"棋盘擦除"视频过渡效果，使文字呈现出棋盘擦除形式的出场效果

图9-2　本案例视频的制作思路

9.1.4 知识讲解

仙侠类特效一般用于仙侠类影视剧中，如御剑飞行、瞬间移动、界面穿越等。为视频添加仙侠类特效，既能够为视频增色，又能够让观众有一种神秘而又奇特的体验。

9.1.5 要点讲堂

在本章内容中，会用到一个Premiere Pro 2023的功能——添加特效，即"棋盘擦除"视频过渡效果，这一功能的主要作用是使文字以棋盘的形式逐渐显现，让文字出现得更自然。

为视频添加"棋盘擦除"视频过渡效果的主要方法为：选择文字素材，在"效果"面板中选择"棋盘擦除"视频过渡效果，将其放置在两段素材之间，作为转场效果。

9.2 《人物出场》制作流程

本节将为大家介绍为视频添加仙侠类特效的操作方法，包括导入素材、进行抠图、添加文字和添加特效，希望大家能够熟练掌握。

9.2.1 导入素材

制作仙侠类的人物出场介绍视频，首先需要导入全部的素材。下面介绍在Premiere Pro 2023中导入素材的操作方法。

扫码看视频

STEP 01 ≫ 在"项目"面板中，新建一个序列，并导入所有的素材，如图9-3所示。

STEP 02 ≫ 双击照片素材，在"源监视器"面板中，移动鼠标到"仅拖动视频"按钮■上，长按鼠标左键，将照片素材拖曳至"时间轴"面板的V1轨道中，如图9-4所示。

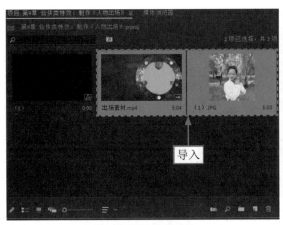

图9-3 导入所有素材

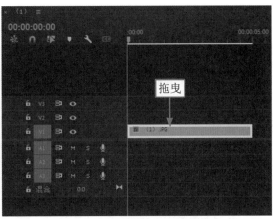

图9-4 拖曳照片素材至V1轨道中

STEP 03 >>> 用同样的方法，将出场素材拖曳至"时间轴"面板的V2轨道中，如图9-5所示。

STEP 04 >>> 调整V2轨道中素材的时长，使其与照片素材对齐，效果如图9-6所示。

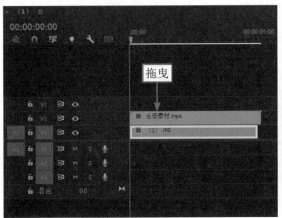

图9-5 拖曳出场素材至V2轨道中

图9-6 调整V2轨道中素材的时长

9.2.2 进行抠图

因为出场素材是一个绿幕素材，所以需要对其进行抠图处理，然后调整照片素材的大小和位置，使其与出场素材的画面相吻合。下面介绍在Premiere Pro 2023中为素材进行抠图的操作方法。

扫码看视频

STEP 01 >>> 选择出场素材，在"效果"面板中，❶展开"视频效果"|"键控"选项；❷选择"超级键"选项，如图9-7所示，双击该选项，即可为出场素材添加"超级键"视频效果。

STEP 02 >>> 在"效果控件"面板的"超级键"选项组中，单击■按钮，如图9-8所示。

STEP 03 >>> 移动鼠标至"节目监视器"面板的绿色画面上，单击鼠标左键，即可抠出出场素材中需要用到的部分，效果如图9-9所示。

STEP 04 >>> 选择照片素材，在"效果控件"面板中，❶设置"位置"参数为（1351.0,540.0）；❷设置"缩放"参数为39.0，如图9-10所示，适当调整照片素材的位置。

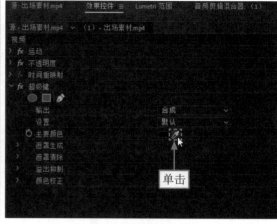

图9-7　选择"超级键"选项　　　　　　　　图9-8　单击相应按钮

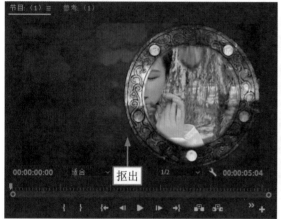

图9-9　抠出素材中需要用到的部分

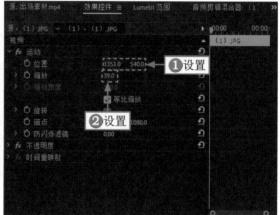

图9-10　设置"缩放"参数

9.2.3　添加文字

扫码看视频

制作人物出场视频，除了特别的出场动画之外，还需要对人物的名字和身份进行介绍。下面介绍在Premiere Pro 2023中添加文字的操作方法。

STEP 01 ≫≫ 拖曳时间滑块至合适位置，选择"文字工具" 🅣，在"节目监视器"面板中单击鼠标左键，即可创建一个文本框，在文本框中输入人物名字，如图9-11所示。

STEP 02 ≫≫ 在"效果控件"面板中，❶设置文字的"字体"为"楷体"；❷设置"字体大小"参数为120，如图9-12所示。

STEP 03 ≫≫ 在"外观"选项组中，单击"填充"颜色色块，如图9-13所示。

STEP 04 ≫≫ 在弹出的"拾色器"对话框中，❶设置RGB参数为（215,28,28），使文字填充颜色更符合视频画面；❷单击"确定"按钮，如图9-14所示，即可设置文字的填充颜色。

STEP 05 ≫≫ 设置"位置"参数为（506.3,567.4），如图9-15所示，调整文字的位置。

STEP 06 ≫≫ 调整文字素材的时长，使其与出场素材对齐，如图9-16所示。

图9-11 输入人物名字

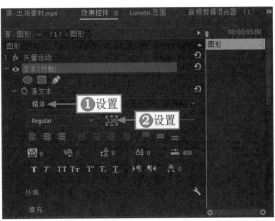

图9-12 设置"字体大小"参数

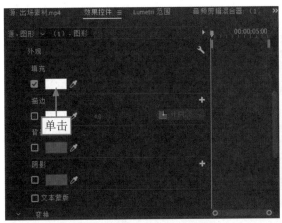

图9-13 单击"填充"颜色色块

图9-14 单击"确定"按钮

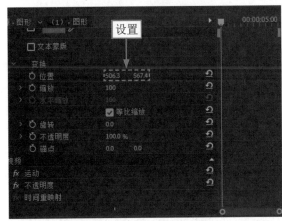

图9-15 设置"位置"参数

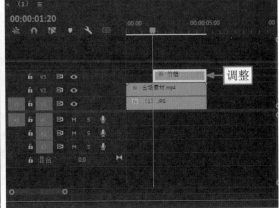

图9-16 调整文字素材的时长

STEP 07 ▶▶▶ 拖曳时间滑块至合适位置，按住Alt键，复制文字素材至V4轨道中，如图9-17所示。

STEP 08 ▶▶▶ ❶选择复制后的文字素材；❷调整其时长，使其与V3轨道上的文字素材对齐，如图9-18所示。

STEP 09 ▶▶▶ 在"节目监视器"面板中，修改文字内容，如图9-19所示。

STEP 10 ▶▶▶ 在"效果控件"面板中，设置"字体大小"参数为60，如图9-20所示。

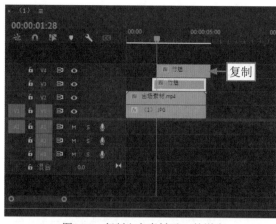

图9-17　复制文字素材至V4轨道中　　　　图9-18　调整文字素材的时长

图9-19　修改文字内容

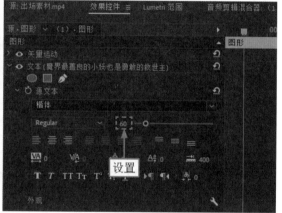

图9-20　设置"字体大小"参数

STEP 11 ▶▶ 单击"填充"颜色色块，在弹出的"拾色器"对话框中，❶设置RGB参数为（221,177,161）；❷单击"确定"按钮，如图9-21所示，即可修改文字的填充颜色。

STEP 12 ▶▶ 设置"位置"参数为（36.3,177.4），如图9-22所示，适当调整文字的位置。

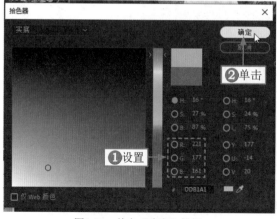

图9-21　单击"确定"按钮　　　　图9-22　设置"位置"参数

STEP 13 ▶▶ 用同样的操作方法，在视频00:00:02:04、00:00:02:07和00:00:02:10的位置，添加3段文字，并在"效果控件"面板中，设置"位置"参数，调整其画面位置，预览效果如图9-23所示。

图9-23 预览画面效果

9.2.4 添加特效

扫码看视频

为了让视频中的文字出现得更加合理、自然，可以为文字添加一些特效，如"棋盘擦除"视频过渡效果，能够使文字呈现出棋盘擦除形式的出场效果。下面介绍在Premiere Pro 2023中为视频添加特效的操作方法。

STEP 01 ▶▶▶ 选择V3轨道中的文字素材，如图9-24所示。

STEP 02 ▶▶▶ 在"效果"面板中，❶展开"视频过渡"|"擦除"选项；❷选择"棋盘擦除"选项，如图9-25所示。

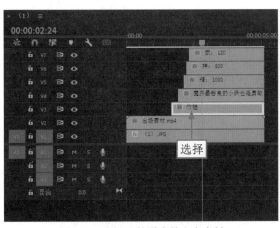

图9-24 选择V3轨道中的文字素材

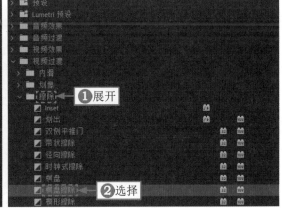

图9-25 选择"棋盘擦除"选项

STEP 03 ▶▶▶ 长按鼠标左键，将其拖曳至V3轨道的文字素材上，如图9-26所示，即可为该素材添加"棋盘擦除"视频过渡效果。

STEP 04 ▶▶▶ 用同样的方法，为V4、V5、V6和V7轨道中的文字素材添加"棋盘擦除"视频过渡效果，如图9-27所示。

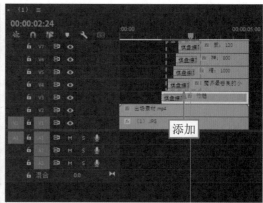

图9-26　拖曳"棋盘擦除"效果至V3轨道中　　　　图9-27　为素材添加"棋盘擦除"效果

STEP 05 ▷▷▷ 切换至"源监视器"面板，拖曳出场素材中的音频至"时间轴"面板的A1轨道中，为素材添加背景音乐，如图9-28所示。

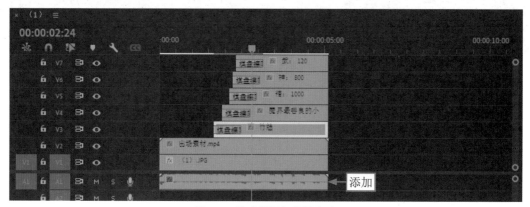

图9-28　为素材添加背景音乐

10

SPECIAL EFFECTS

第10章 科幻类特效：
制作《直冲云霄》

在科幻影视剧中，也会经常用到一些特效，比如克服地心引力，直接飞上天空，或者是进入极具科技感的虚幻世界等。在视频中添加科幻类的特效，能够让视频拥有独具一格的视觉冲击效果。

10.1 《直冲云霄》效果展示

　　制作《直冲云霄》科幻类特效，需要准备好人物素材、绿幕素材和一段空镜头。这里空镜头的作用是作为绿幕素材的背景，而空镜头要跟人物素材的背景保持一致，这样才能让素材衔接得更紧密，从而制作出同一场景中人物冲上云霄的效果。

　　在制作《直冲云霄》视频之前，首先来欣赏本案例的视频效果，并了解案例的学习目标、制作思路、知识讲解和要点讲堂。

10.1.1　效果欣赏

　　《直冲云霄》视频的画面效果如图10-1所示。

图10-1　画面效果

10.1.2　学习目标

知识目标	掌握科幻类特效的制作方法
技能目标	（1）掌握在Premiere Pro 2023中导入素材的操作方法 （2）掌握为视频进行抠图的操作方法 （3）掌握为视频添加关键帧的操作方法 （4）掌握为视频添加背景音乐的操作方法
本章重点	为视频进行抠图
本章难点	为视频添加关键帧
视频时长	7分23秒

10.1.3　制作思路

本案例首先介绍了在Premiere Pro 2023中导入素材，然后为视频进行抠图和添加关键帧，最后添加背景音乐。图10-2所示为本案例视频的制作思路。

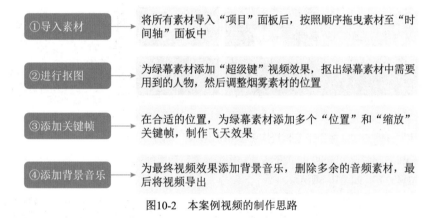

①导入素材 → 将所有素材导入"项目"面板后，按照顺序拖曳素材至"时间轴"面板中

②进行抠图 → 为绿幕素材添加"超级键"视频效果，抠出绿幕素材中需要用到的人物，然后调整烟雾素材的位置

③添加关键帧 → 在合适的位置，为绿幕素材添加多个"位置"和"缩放"关键帧，制作飞天效果

④添加背景音乐 → 为最终视频效果添加背景音乐，删除多余的音频素材，最后将视频导出

图10-2　本案例视频的制作思路

10.1.4　知识讲解

科幻类特效是科幻类的影视剧中呈现出的一种特殊效果，如能量魔法、一飞冲天等。为视频添加科幻类特效，能够让我们体验到"魔法"出现在了现实世界，极具吸引力。

10.1.5　要点讲堂

在本章内容中，会用到一个Premiere Pro 2023的功能——添加关键帧，这一功能的主要作用是使人物呈现出飞天的效果。

为视频添加关键帧的主要方法为：通过为素材设置"位置"和"缩放"参数，添加关键帧，从而实现运动的效果，调整变化方向，即可制作出飞天效果。

10.2　《直冲云霄》制作流程

本节将为大家介绍为视频添加科幻类特效的操作方法，包括导入素材、进行抠图、添加关键帧和添加背景音乐，希望大家能够熟练掌握。

10.2.1　导入素材

制作科幻类的人物一飞冲天的视频，首先需要准备好全部的素材，并按照顺序导入。下面介绍在Premiere Pro 2023中导入素材的操作方法。

STEP 01 >>> 在"项目"面板中，导入所有的素材，如图10-3所示。

STEP 02 >>> 双击人物素材，在"源监视器"面板中，移动鼠标到"仅拖动视频"按钮 上，长按鼠标左键，将人物素材拖曳至"时间轴"面板的V1轨道中，如图10-4所示。

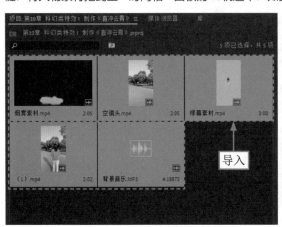
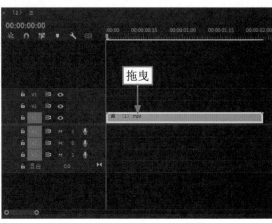

图10-3　导入所有素材　　　　　　　　图10-4　拖曳人物素材至V1轨道中

STEP 03 >>> 用同样的方法，将空镜头素材拖曳至V1轨道中，如图10-5所示。

STEP 04 >>> 拖曳时间滑块至00:00:02:02的位置，将绿幕素材拖曳至V2轨道中，使其开始位置与V1轨道中空镜头素材的开始位置对齐，如图10-6所示。

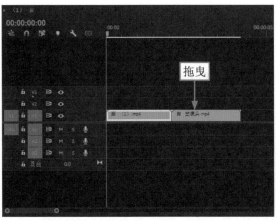
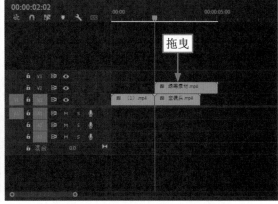

图10-5　拖曳空镜头素材至V1轨道中　　　　图10-6　拖曳绿幕素材至V2轨道中

STEP 05 >>> 设置绿幕素材的"持续时间"为00:00:01:00，如图10-7所示。

STEP 06 >>> 拖曳烟雾素材至"时间轴"面板的V3轨道中，如图10-8所示。

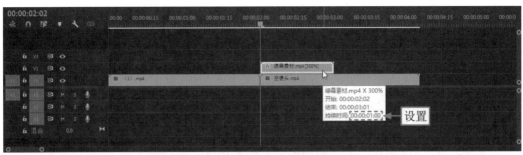

图10-7 设置绿幕素材的持续时间

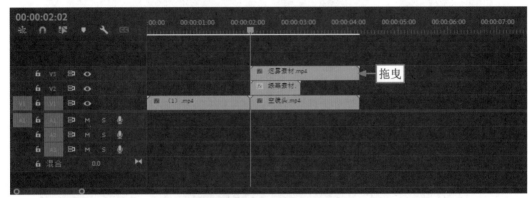

图10-8 拖曳烟雾素材至V3轨道中

10.2.2 进行抠图

想要制作飞天效果，首先需要将绿幕素材中的人物抠出来。下面介绍在Premiere Pro 2023中为绿幕素材进行抠图的操作方法。

STEP 01 ≫ 选择烟雾素材，在"效果控件"面板中，设置"混合模式"为"滤色"，如图10-9所示。

STEP 02 ≫ 选择绿幕素材，在"效果"面板中，❶展开"视频效果"|"键控"选项；❷选择"超级键"选项，如图10-10所示，双击该选项，即可为绿幕素材添加"超级键"视频效果。

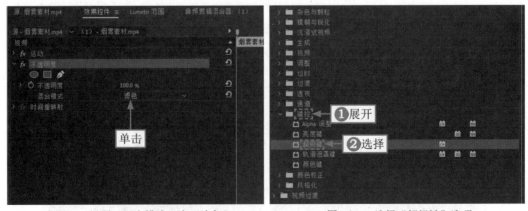

图10-9 设置"混合模式"为"滤色"　　　　　图10-10 选择"超级键"选项

STEP 03 ≫ 在"效果控件"面板的"超级键"选项组中，单击 按钮，如图10-11所示。

STEP 04 ≫ 移动鼠标至"节目监视器"面板的绿色画面上，单击鼠标左键，即可抠出出场人物，如图10-12

所示。

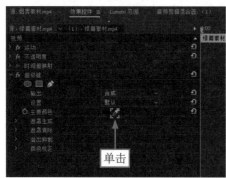

图10-11　单击相应按钮

图10-12　抠出素材中的人物

STEP 05 >>> 选择烟雾素材，设置"位置"参数为（586.0,713.0），如图10-13所示，使其位于人物脚下。

STEP 06 >>> 执行操作后，即可在"节目监视器"面板中预览效果，如图10-14所示。

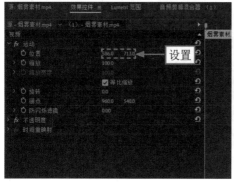

图10-13　设置"位置"参数

图10-14　预览效果

10.2.3　添加关键帧

扫码看视频

制作《直冲云霄》中的飞天效果，需要为其添加相应关键帧，以此制作出运动的效果。下面介绍在Premiere Pro 2023中添加关键帧的操作方法。

STEP 01 >>> 拖曳时间滑块至00:00:02:02的位置，选择绿幕素材，在"效果控件"面板中，❶单击"位置"和"缩放"左侧的"切换动画"按钮◎；❷添加一组关键帧，如图10-15所示。

STEP 02 >>> 拖曳时间滑块至00:00:03:00的位置，❶设置"位置"参数为（540.0,−84.0），将人物向上移动，并离开画面；❷设置"缩放"参数为53.0，缩小人物；❸添加第2组关键帧，如图10-16所示。

图10-15　添加一组关键帧

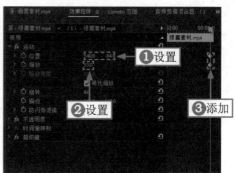

图10-16　添加第2组关键帧

10.2.4 添加背景音乐

飞天效果制作完成后，接下来为其添加一个合适的背景音乐。下面介绍在Premiere Pro 2023中添加背景音乐的操作方法。

STEP 01 ▶▶ 双击"项目"面板中的背景音乐素材，在"源监视器"面板中，移动鼠标到"仅拖动音频"按钮■上，长按鼠标左键，将背景音乐素材拖曳至"时间轴"面板的A1轨道中，如图10-17所示。

STEP 02 ▶▶ ❶拖曳时间滑块至视频素材的结束位置；❷选择"剃刀工具"◤；❸在A1轨道的素材上单击鼠标左键，如图10-18所示，即可分割出多余的音频。

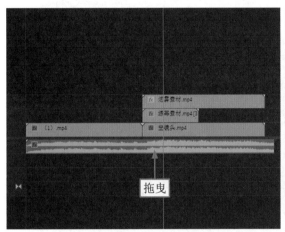

图10-17 拖曳背景音乐素材至A1轨道中

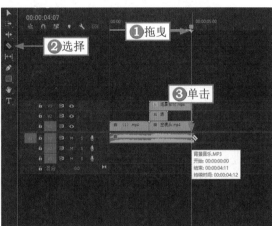

图10-18 单击鼠标左键

STEP 03 ▶▶ ❶选择"选择工具"▶；❷选择分割后的第2段音频素材，如图10-19所示，按Delete键删除多余的音频。

STEP 04 ▶▶ 在"效果"面板中，❶展开"音频过渡"|"交叉淡化"选项；❷选择"恒定功率"选项，如图10-20所示。

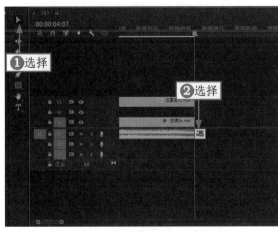

图10-19 选择分割后的第2段音频素材

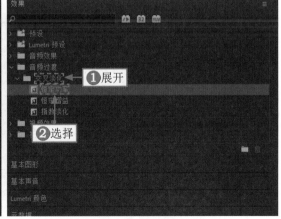

图10-20 选择"恒定功率"选项

STEP 05 ▶▶ 将选择的"恒定功率"音频过渡效果添加到背景音乐素材的开始位置，如图10-21所示，使音频听起来更舒服。

STEP 06 ▶▶ 调整"恒定功率"音频过渡效果的时长，使其对齐背景音乐素材，如图10-22所示。

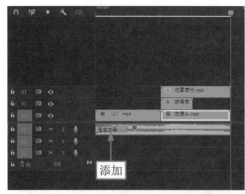 

图10-21　添加"恒定功率"音频过渡效果　　　图10-22　调整"恒定功率"音频过渡效果的时长

STEP 07 >>> 所有效果都制作完成后，即可将最终的效果视频导出，单击工具栏中的"导出"按钮，如图10-23所示。

STEP 08 >>> 进入"导出"界面，设置视频的文件名和位置，如图10-24所示。

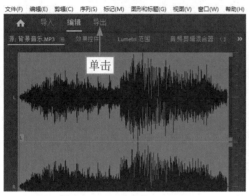  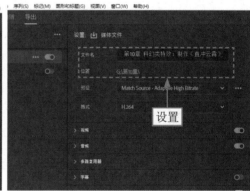

图10-23　单击"导出"按钮（1）　　　　　图10-24　设置文件名和位置

STEP 09 >>> 单击界面右下角的"导出"按钮，如图10-25所示，稍等片刻后，即可将效果视频导出。

图10-25　单击"导出"按钮（2）

11

SPECIAL EFFECTS

第11章 | 自然风光：
制作《路上风景》

　　自然风光视频是我们日常生活中经常见到的视频类型之一，不管是在社交平台上发布自己游玩时拍摄的自然风光照片、视频，还是在影视剧中作为空镜头展示，自然风光视频都是常用的。通过为其添加文字、视频过渡特效等内容，能让我们制作出更为精美的自然风光视频。

11.1 《路上风景》效果展示

制作自然风光视频，需要选择那些画面精美度较高的风景类的照片、视频素材，这样制作出来的视频才会更具吸引力。

在制作《路上风景》视频之前，首先来欣赏本案例的视频效果，并了解案例的学习目标、制作思路、知识讲解和要点讲堂。

11.1.1 效果欣赏

《路上风景》自然风光视频的画面效果如图11-1所示。

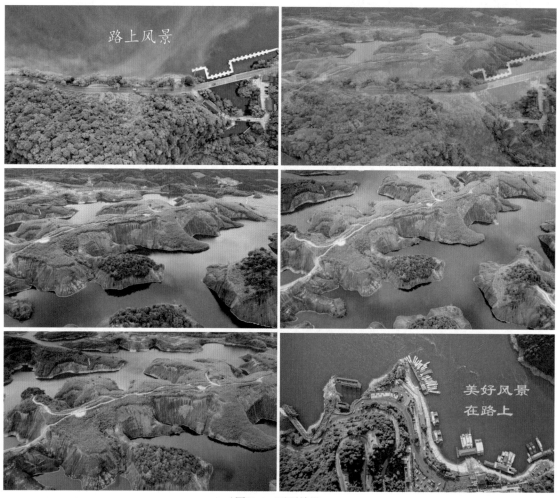

图11-1　画面效果

11.1.2 学习目标

知识目标	掌握自然风光视频的制作方法
技能目标	（1）掌握在Premiere Pro 2023中处理素材的操作方法 （2）掌握为视频添加转场特效的操作方法 （3）掌握为视频制作片头效果的操作方法 （4）掌握为视频制作片尾效果的操作方法 （5）掌握为视频添加背景音乐的操作方法
本章重点	为视频添加特效
本章难点	为视频制作片头效果
视频时长	8分19秒

11.1.3 制作思路

本案例首先介绍了处理素材的操作，然后为视频添加转场特效，制作片头效果、片尾效果，最后添加背景音乐。图11-2所示为本案例视频的制作思路。

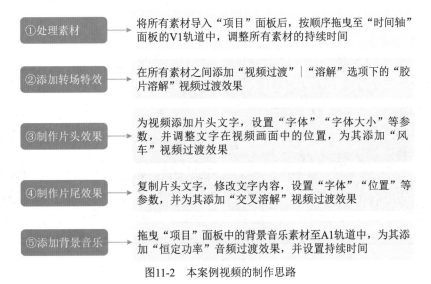

①处理素材 → 将所有素材导入"项目"面板后，按顺序拖曳至"时间轴"面板的V1轨道中，调整所有素材的持续时间

②添加转场特效 → 在所有素材之间添加"视频过渡"｜"溶解"选项下的"胶片溶解"视频过渡效果

③制作片头效果 → 为视频添加片头文字，设置"字体""字体大小"等参数，并调整文字在视频画面中的位置，为其添加"风车"视频过渡效果

④制作片尾效果 → 复制片头文字，修改文字内容，设置"字体""位置"等参数，并为其添加"交叉溶解"视频过渡效果

⑤添加背景音乐 → 拖曳"项目"面板中的背景音乐素材至A1轨道中，为其添加"恒定功率"音频过渡效果，并设置持续时间

图11-2　本案例视频的制作思路

11.1.4 知识讲解

自然风光视频是一种以自然景物为主要展示画面的视频方式，可以是山水风光、地质地貌等自然景象，也可以是自然现象，如气候变化、日出日落等。

11.1.5 要点讲堂

在本章内容中，会用到一个Premiere Pro 2023的功能——添加转场特效，即"胶片溶解"视频过渡效果，这一功能的主要作用是让视频画面的过渡更自然。

为视频添加"胶片溶解"视频过渡效果的主要方法为：在"效果"面板中选择"胶片溶解"视频过渡效果，将其拖曳至两段素材之间的位置，作为转场。

11.2 《路上风景》制作流程

本节将为大家介绍制作自然风光视频的操作方法，包括处理素材、添加转场特效、制作片头效果、制作片尾效果以及添加背景音乐，希望大家能够熟练掌握。

11.2.1 处理素材

因为《路上风景》自然风光视频用到的素材都是照片，所以如果没有提前在Premiere Pro 2023软件中设置好每段素材的持续时长的话，将照片素材导入"时间轴"面板后，每段素材默认持续时长为5 s。

扫码看视频

为了让每段素材衔接得更自然，首先需要处理好素材。下面介绍在Premiere Pro 2023中处理素材的操作方法。

STEP 01 ▷▷▷ 将所有的素材导入"项目"面板后，按照顺序拖曳所有素材至"时间轴"面板的V1轨道中，如图11-3所示。

STEP 02 ▷▷▷ 选择第1张照片素材，单击鼠标右键，在弹出的快捷菜单中选择"速度/持续时间"命令，如图11-4所示。

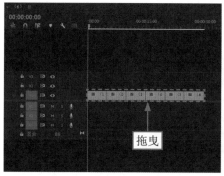

图11-3　拖曳素材至V1轨道中

图11-4　选择"速度/持续时间"命令

STEP 03 ▷▷▷ 弹出"剪辑速度/持续时间"对话框，❶设置"持续时间"为00:00:03:00；❷单击"确定"按钮，如图11-5所示。

STEP 04 ▷▷▷ 用同样的方法，为剩余的素材设置相同的持续时间，并调整其在V1轨道中的位置，如图11-6所示。

图11-5　单击"确定"按钮

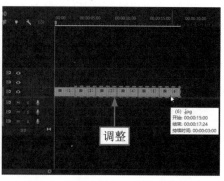

图11-6　调整素材在V1轨道中的位置

11.2.2　添加转场特效

因为《路上风景》自然风光视频中用到的所有素材都是照片，所以视频画面切换的时候可能不太自然，这时候就可以通过为其添加转场特效来解决，如"胶片溶解"视频过渡效果，能够让画面衔接得更自然。下面介绍在Premiere Pro 2023中添加转场特效的操作方法。

STEP 01 ⫸⫸ 在"效果"面板中，❶展开"视频过渡"|"溶解"选项；❷选择"胶片溶解"选项，如图11-7所示。

STEP 02 ⫸⫸ 长按鼠标左键，将其拖曳至V1轨道的第1张和第2张照片素材之间，即可为其添加"胶片溶解"视频过渡效果，如图11-8所示。

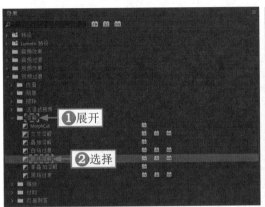

图11-7　选择"胶片溶解"选项

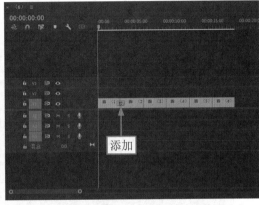

图11-8　添加"胶片溶解"视频过渡效果（1）

STEP 03 ⫸⫸ 用同样的方法，为剩余的素材也添加"胶片溶解"视频过渡效果，如图11-9所示。

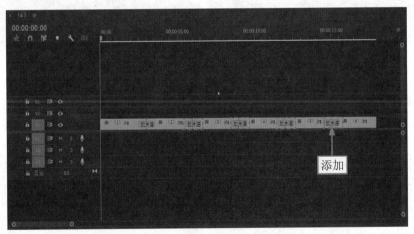

图11-9　添加"胶片溶解"视频过渡效果（2）

11.2.3　制作片头效果

为素材添加完转场效果后，接下来就应该为视频制作片头效果了。一个好的片头能够起到引导的作用，使观众了解视频主题内容。下面介绍在Premiere Pro 2023中制作片头效果的操作方法。

STEP 01 ⫸⫸ 选择"文字工具" T，在"节目监视器"面板中单击鼠标左键，即可创建一个文本框，在文本框中输入文字，如图11-10所示。

STEP 02 >>> 在"时间轴"面板中，设置文字的"持续时间"为00:00:02:00，如图11-11所示。

图11-10　输入文字

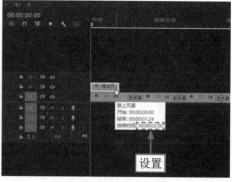

图11-11　设置文字的持续时间

STEP 03 >>> 在"效果控件"面板中，❶设置文字的"字体"为"楷体"；❷设置"字体大小"参数为250，如图11-12所示。

STEP 04 >>> 在"外观"选项组中，❶选中"描边"复选框；❷单击颜色色块，如图11-13所示。

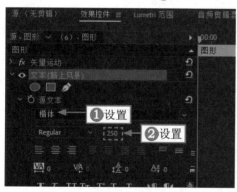

图11-12　设置"字体大小"参数

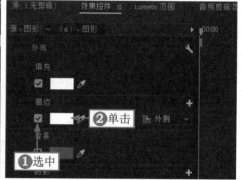

图11-13　单击颜色色块

STEP 05 >>> 在弹出的"拾色器"对话框中，❶设置RGB参数为（9,96,132）；❷单击"确定"按钮，如图11-14所示，即可设置文字的描边颜色。

STEP 06 >>> 设置"位置"参数为（1506.9,538.7），如图11-15所示，适当调整文字在视频画面中的位置。

图11-14　单击"确定"按钮

图11-15　设置"位置"参数

STEP 07 >>> 在"效果"面板中，❶展开"视频过渡"|"擦除"选项；❷选择"风车"选项，如图11-16所示。

STEP 08 >>> 长按鼠标左键，将其拖曳至片头文字素材的开始位置，即可为片头文字添加"风车"视频过渡效果，如图11-17所示。

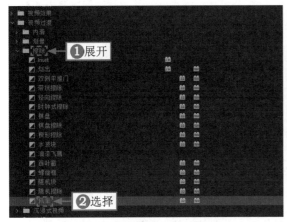

图11-16 选择"风车"选项

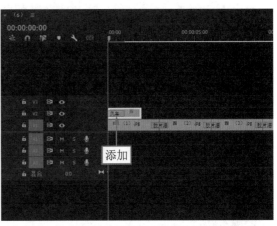

图11-17 为片头文字添加"风车"视频过渡效果

11.2.4 制作片尾效果

扫码看视频

制作完片头效果后，为了让视频更加完整，还需要制作一个片尾效果。下面介绍在Premiere Pro 2023中制作片尾效果的操作方法。

STEP 01 >>> 拖曳时间滑块至00:00:15:13的位置，按住Alt键，长按鼠标左键复制片头文字素材，设置素材的"持续时间"为00:00:02:12，使其与素材的结束位置对齐，如图11-18所示。

STEP 02 >>> 修改复制的片头文字内容，如图11-19所示。

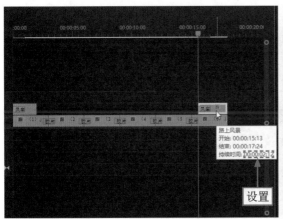

图11-18 设置素材的持续时间

图11-19 修改文字内容

STEP 03 >>> 在"效果控件"面板中，设置文字的"字体"为"隶书"，如图11-20所示。

STEP 04 >>> 设置"位置"参数为（2726.9,894.7），如图11-21所示。

STEP 05 >>> 选择复制后文字素材上的"风车"视频过渡效果，如图11-22所示，按Delete键删除。

STEP 06 >>> 在"效果"面板中，❶展开"视频过渡"｜"溶解"选项；❷选择"交叉溶解"选项，如图11-23所示。

STEP 07 >>> 长按鼠标左键，将其拖曳至文字素材的开始位置和结束位置，即可为片尾文字添加"交叉溶解"视频过渡效果，如图11-24所示，让文字的出现和消失更自然。

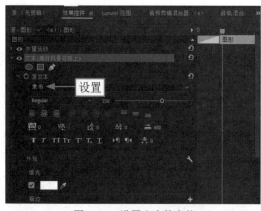

图11-20　设置文本的字体

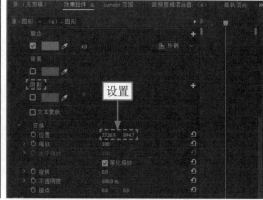

图11-21　设置"位置"参数

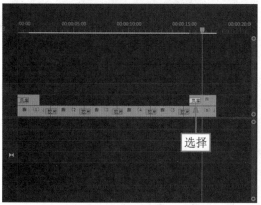

图11-22　选择"风车"视频过渡效果

图11-23　选择"交叉溶解"选项

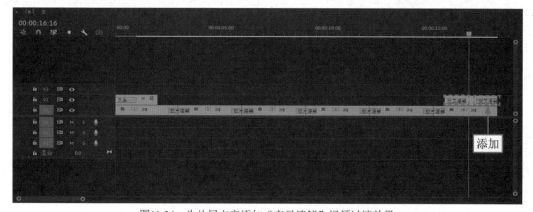

图11-24　为片尾文字添加"交叉溶解"视频过渡效果

11.2.5　添加背景音乐

　　制作完所有的效果之后，接下来为视频添加合适的背景音乐。下面介绍在Premiere Pro 2023中为视频添加背景音乐的操作方法。

扫码看视频

STEP 01 ▶▶ 拖曳时间滑块至第1张照片素材的开始位置，如图11-25所示。

STEP 02 ▶▶ 在"项目"面板中，选择背景音乐素材，将其拖曳至A1轨道中，如图11-26所示。

STEP 03 ▶▶ 选择背景音乐素材，如图11-27所示。

STEP 04 ▷▷▷ 在"效果"面板中，❶展开"音频过渡"|"交叉淡化"选项；❷选择"恒定功率"选项，如图11-28所示。

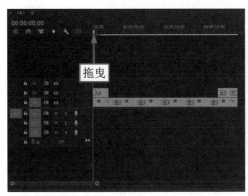

图11-25　拖曳时间轴至素材的开始位置

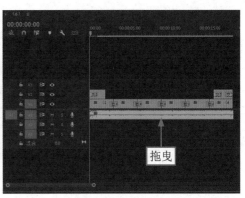

图11-26　拖曳背景音乐素材至A1轨道中

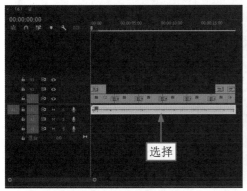

图11-27　选择背景音乐素材

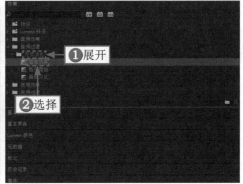

图11-28　选择"恒定功率"选项

STEP 05 ▷▷▷ 长按鼠标左键将其拖曳至背景音乐素材上，设置"持续时间"为00:00:18:02，使其与背景音乐素材的时长保持一致，如图11-29所示。

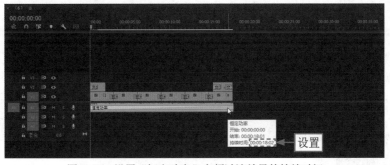

图11-29　设置"恒定功率"音频过渡效果的持续时间

12

SPECIAL EFFECTS

第12章 灯光延时：
制作《滨江夜景》

灯光延时视频主要体现的是一段连续的视频中灯光的变化，且拍摄地点、方向、镜头不发生改变。拍摄灯光延时视频需要在晚上取景，这样拍出来的视频才能让观看的人直观地感受到灯光的变化，从而体会到时间的变化。

12.1 《滨江夜景》效果展示

拍摄灯光延时视频需要花费很长的时间，但是其最终呈现出来的效果是非常漂亮的。《滨江夜景》这一灯光延时视频，就是由上百张照片制作而成的。

在制作《滨江夜景》视频之前，首先来欣赏本案例的视频效果，并了解案例的学习目标、制作思路、知识讲解和要点讲堂。

12.1.1 效果欣赏

《滨江夜景》灯光延时视频的画面效果如图12-1所示。

图12-1 画面效果

12.1.2　学习目标

知识目标	掌握灯光延时视频的制作方法
技能目标	（1）掌握在Premiere Pro 2023中导入素材的操作方法 （2）掌握为视频添加文字的操作方法 （3）掌握为视频添加关键帧的操作方法 （4）掌握为视频添加背景音乐的操作方法 （5）掌握导出视频的操作方法
本章重点	在Premiere Pro 2023中导入素材
本章难点	为视频添加关键帧
视频时长	15分39秒

12.1.3　制作思路

　　本案例首先介绍了在Premiere Pro 2023中导入素材，然后为视频添加文字、关键帧和背景音乐，最后导出视频。图12-2所示为本案例视频的制作思路。

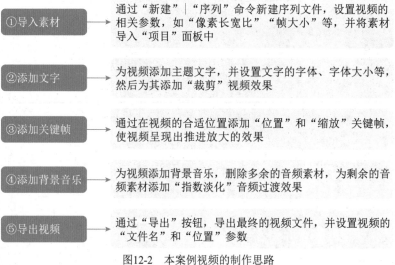

图12-2　本案例视频的制作思路

12.1.4　知识讲解

　　灯光延时视频是将较长时间的画面内容（灯光）以较快的速度在短时间内呈现出来，能够很好地展现夜景中灯光的变化。

12.1.5　要点讲堂

　　在本章内容中，会用到一个Premiere Pro 2023的功能——添加关键帧，这一功能的主要作用是丰富视频画面，使其运动起来。

　　为视频添加关键帧的主要方法为：在素材的合适位置，添加"位置"和"缩放"关键帧，拖曳时间轴至素材快要结束的位置，设置"位置"和"缩放"参数（适当放大画面），为其添加第2组关键帧，在这段时间内，视频画面即可呈现一种运动、逐渐放大的效果。

12.2 《滨江夜景》制作流程

本节将为大家介绍制作灯光延时视频的操作方法，包括导入素材、添加文字、添加关键帧、添加背景音乐以及导出视频，希望大家能够熟练掌握。

12.2.1 导入素材

在制作灯光延时视频之前，首先需要导入素材。下面介绍在Premiere Pro 2023中导入素材的操作方法。

扫码看视频

STEP 01 >>> 启动Premiere Pro 2023软件后，弹出欢迎界面，单击左侧的"新建项目"按钮，如图12-3所示。

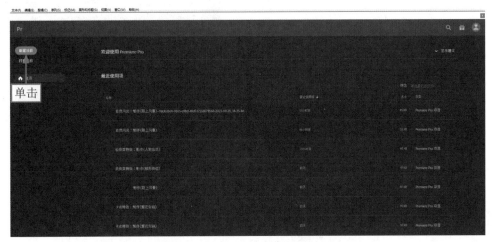

图12-3 单击"新建项目"按钮

STEP 02 >>> 进入"导入"界面，❶设置项目名和项目位置；❷单击"创建"按钮，如图12-4所示。

图12-4 单击"创建"按钮

STEP 03 ≫ 进入Premiere Pro 2023操作界面，在菜单栏中选择"文件"|"新建"|"序列"命令，如图12-5所示。

STEP 04 ≫ 弹出"新建序列"对话框，切换至"设置"选项卡，设置"编辑模式"为"自定义"，"时基"为"25.00帧/秒"，"帧大小"为3840×2560，"像素长宽比"为"方形像素（1.0）"，"场"为"无场（逐行扫描）"，"显示格式"为"25 fps时间码"，如图12-6所示。设置完成后，单击"确定"按钮，即可新建一个序列文件。

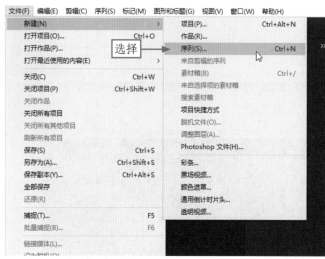
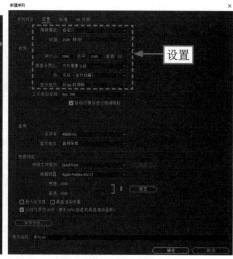

图12-5　选择"序列"命令　　　　　　　　　　图12-6　设置相关参数

STEP 05 ≫ 在"项目"面板的空白位置单击鼠标右键，在弹出的快捷菜单中选择"导入"命令，如图12-7所示。

STEP 06 ≫ 弹出"导入"对话框，在合适的文件夹中，❶选择第1张照片；❷选中左下角的"图像序列"复选框；❸单击"打开"按钮，如图12-8所示。

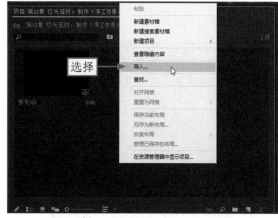
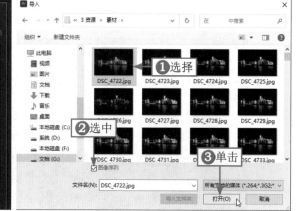

图12-7　选择"导入"命令　　　　　　　　　　图12-8　单击"打开"按钮

STEP 07 ≫ 执行操作后，即可以序列的方式导入照片素材，在"项目"面板中可以查看导入的序列效果，如图12-9所示。

STEP 08 ≫ 将导入的照片序列拖曳至"时间轴"面板的V1轨道中，此时会弹出信息提示框，提示剪辑与序列设置不匹配，单击"保持现有设置"按钮，如图12-10所示。

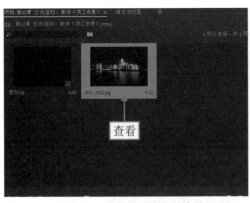

图12-9 查看导入的序列效果

图12-10 单击"保持现有设置"按钮

STEP 09 >>> 执行操作后，即可将序列素材拖曳至V1轨道中，如图12-11所示。

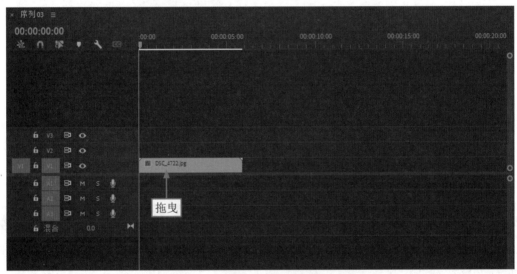

图12-11 将序列素材拖曳至V1轨道中

STEP 10 >>> 在"节目监视器"面板中可以查看序列的画面效果，如图12-12所示，可以看到素材画面被缩小了，这是因为素材的尺寸过小。

STEP 11 >>> 调大素材的尺寸。选择序列素材，在"效果控件"面板中，单击"缩放"选项左侧的"切换动画"按钮，如图12-13所示。

图12-12 查看序列的画面效果

图12-13 单击"切换动画"按钮

STEP 12 设置"缩放"参数为144.0，按Enter键确认，如图12-14所示，即可将素材尺寸放大。

STEP 13 此时，在"节目监视器"面板中可以查看完整的素材画面，如图12-15所示。

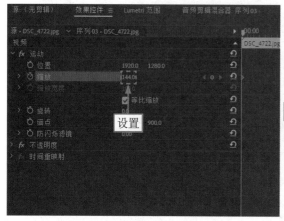

图12-14　设置"缩放"参数

图12-15　查看完整的素材画面

12.2.2　添加文字

灯光延时是以图片预览为主的视频动画，因此需要准备好灯光的图片素材，并为其添加相应的文字。下面介绍在Premiere Pro 2023中为灯光延时视频添加文字的具体操作方法。

扫码看视频

STEP 01 拖曳时间滑块至00:00:01:00的位置，选择"文字工具" ，如图12-16所示。

STEP 02 在"节目监视器"面板中，输入相应的文字，如图12-17所示。

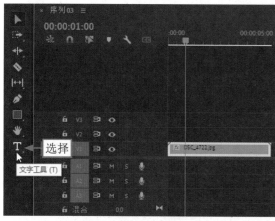

图12-16　选择"文字工具"

图12-17　输入相应的文字

STEP 03 在"基本图形"面板中，❶设置文字的"字体"为"楷体"；❷设置"字体大小"参数为240，如图12-18所示。

STEP 04 在"外观"选项组中，单击"填充"颜色色块，在弹出的"拾色器"对话框中，❶设置RGB参数为（207，136，143）；❷单击"确定"按钮，如图12-19所示。

STEP 05 ❶选中"描边"复选框；❷单击颜色色块，如图12-20所示。

STEP 06 在弹出的"拾色器"对话框中，❶设置RGB参数为（40，8，8）；❷单击"确定"按钮，如图12-21所示。

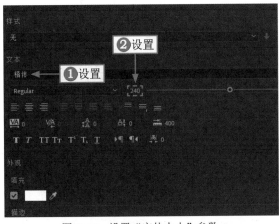

图12-18 设置"字体大小"参数

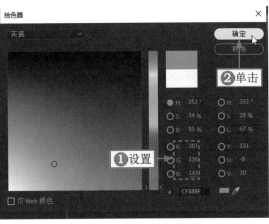

图12-19 单击"确定"按钮

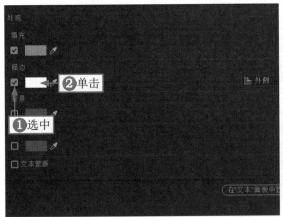

图12-20 单击颜色色块

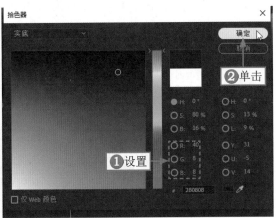

图12-21 单击"确定"按钮

STEP 07 >>> 设置"描边宽度"参数为2.0，如图12-22所示。

STEP 08 >>> 在"效果控件"面板中，设置"位置"参数为（196.5,360.8），如图12-23所示。

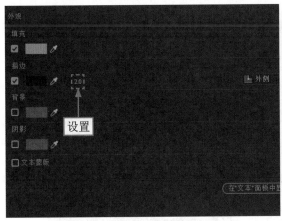

图12-22 设置"描边宽度"参数

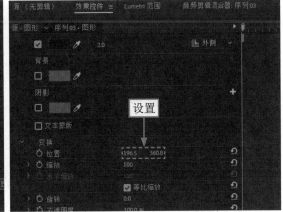

图12-23 设置"位置"参数

STEP 09 >>> 选择V2轨道中的文字素材，单击鼠标右键，在弹出的快捷菜单中选择"速度/持续时间"命令，如图12-24所示。

STEP 10 >>> 弹出"剪辑速度/持续时间"对话框，❶设置"持续时间"为00:00:04:22；❷单击"确定"按钮，如图12-25所示，使其与V1轨道中的素材对齐。

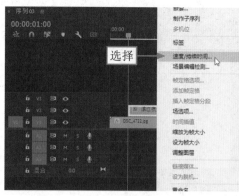
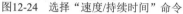

图12-24　选择"速度/持续时间"命令

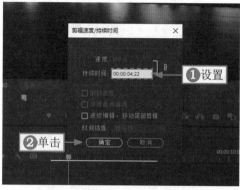

图12-25　单击"确定"按钮

STEP 11 ➤➤➤ 在"效果"面板中，❶展开"视频效果"|"变换"选项；❷选择"裁剪"选项，如图12-26所示，双击鼠标左键，即可为选择的素材添加"裁剪"视频效果。

STEP 12 ➤➤➤ 在"效果控件"面板的"裁剪"选项组中，❶单击"右侧"与"底部"选项左侧的"切换动画"按钮📷；❷设置"右侧"参数为100.0%，"底部"参数为50.0%；❸添加一组关键帧，如图12-27所示。

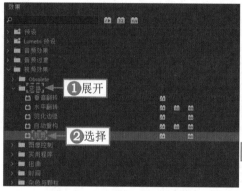

图12-26　选择"裁剪"选项

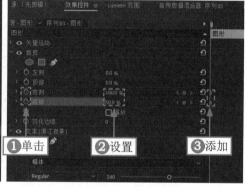

图12-27　添加一组关键帧

STEP 13 ➤➤➤ 拖曳时间滑块至00:00:02:06的位置，❶设置"右侧"参数为77.0%，"底部"参数为50.0%；❷添加第2组关键帧，如图12-28所示。

STEP 14 ➤➤➤ 拖曳时间滑块至00:00:02:20的位置，❶单击"不透明度"左侧的"切换动画"按钮📷；❷设置"不透明度"参数为40.0%，如图12-29所示。

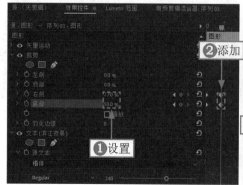

图12-28　添加第2组关键帧

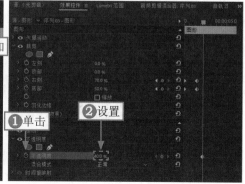

图12-29　设置"不透明度"参数

STEP 15 拖曳时间滑块至00:00:03:10的位置，设置"右侧"参数为67.0%，"底部"参数为50.0%，如图12-30所示。

STEP 16 拖曳时间滑块至00:00:04:11的位置，设置"右侧"参数为57.0%，"底部"参数为50.0%，如图12-31所示。拖曳时间滑块至00:00:05:13的位置，设置"右侧"参数为47.0%，"底部"参数为0.0%，"不透明度"参数为100%。

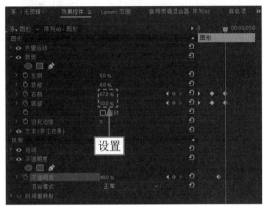

图12-30 设置相应参数（1）　　　　图12-31 设置相应参数（2）

12.2.3 添加关键帧

扫码看视频

想要视频呈现出逐渐推进放大的效果，就需要为视频添加关键帧。下面介绍在Premiere Pro 2023中为灯光延时视频添加关键帧的操作方法。

STEP 01 拖曳时间滑块至素材的开始位置，❶单击"位置"左侧的"切换动画"按钮；❷添加一个关键帧，如图12-32所示。

STEP 02 拖曳时间滑块至00:00:05:18的位置，❶设置"缩放"参数为241.0，"位置"参数为（1517.0,1558.0）；❷添加一组关键帧，如图12-33所示。

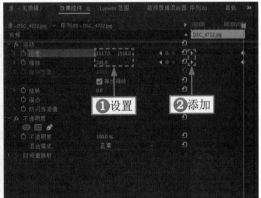

图12-32 添加一个关键帧　　　　图12-33 添加一组关键帧

12.2.4 添加背景音乐

扫码看视频

添加背景音乐是为了让视频画面更加吸引人，下面介绍在Premiere Pro 2023中为视频添加背景音乐的操作方法。

STEP 01 >>> 在"项目"面板中导入音乐素材，并将其拖曳至"时间轴"面板的A1轨道中，如图12-34所示。

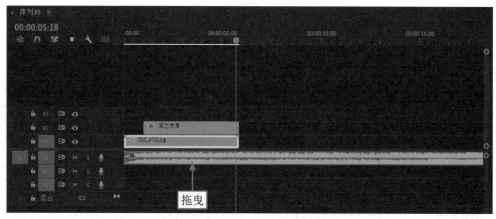

图12-34 将音乐素材拖曳至"时间轴"面板的A1轨道中

STEP 02 >>> 拖曳时间滑块至00:00:05:22的位置，选择"剃刀工具" ，将鼠标指针移至A1轨道中的时间轴位置，此时鼠标指针呈剃刀形状，如图12-35所示。

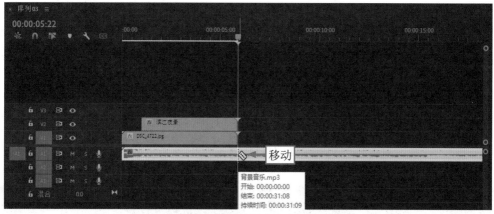

图12-35 移至A1轨道中的时间轴位置

STEP 03 >>> 在音乐素材的时间线所处位置，单击鼠标左键，即可将音乐素材分割为两段。选择"选择工具" ，选择第2段音乐素材，如图12-36所示，按Delete键将其删除。

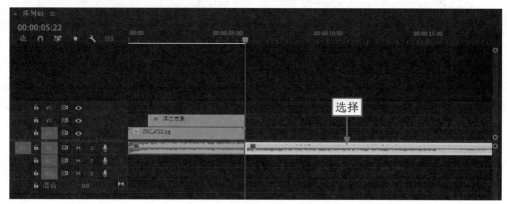

图12-36 选择第2段音乐素材

STEP 04 ⫸ 在"效果"面板中，❶展开"音频过渡"|"交叉淡化"选项；❷选择"指数淡化"选项，如图12-37所示。

STEP 05 ⫸ 按住鼠标左键，将其拖曳至音乐素材的起始点与结束点，添加音频过渡效果，如图12-38所示。

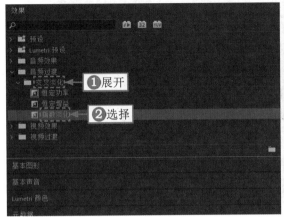

图12-37　选择"指数淡化"选项

图12-38　添加音频过渡效果

12.2.5　导出视频

创建并保存视频文件后，即可对其进行渲染，渲染完成后可以将视频分享至各种新媒体平台。视频的渲染时间根据项目的长短以及计算机配置的高低而略有不同。下面介绍在Premiere Pro 2023中输出与分享媒体视频文件的操作方法。

扫码看视频

STEP 01 ⫸ 在工具栏中，单击"导出"按钮，如图12-39所示。

STEP 02 ⫸ 进入"导出"界面，设置好视频的文件名和位置，如图12-40所示。

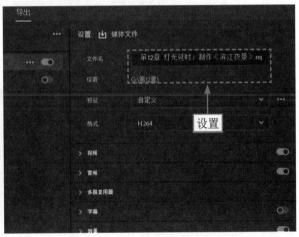

图12-39　单击"导出"按钮

图12-40　设置文件名和位置

STEP 03 ⫸ 单击界面右下角的"导出"按钮，如图12-41所示。

STEP 04 ⫸ 开始导出延时视频文件，并显示导出进度，如图12-42所示。这里需要花费一些时间，根据电脑配置的不同，视频导出的速度也会不同。待延时视频导出完成后，即可在相应文件夹中找到并预览延时视频效果。

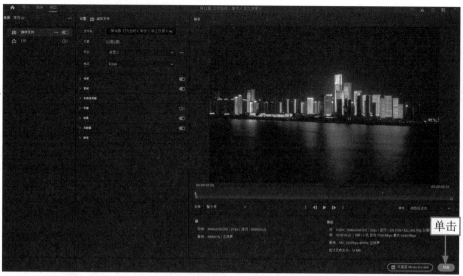

图12-41 单击"导出"按钮

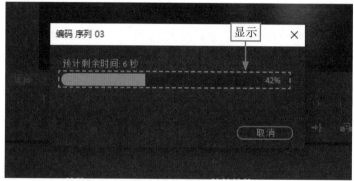

图12-42 显示导出进度

13

SPECIAL EFFECTS

| 第13章 | 婚纱相册：
制作《琴瑟和鸣》 |

　　婚纱相册是由多张婚纱照片制作而成的一个动态相册，并通过为其添加片头片尾效果，使得整个视频看起来更加完整。在制作婚纱相册时，创作者要突出画面上人物的开心和喜悦，让观看的人也能感受到幸福。

13.1 《琴瑟和鸣》效果展示

婚纱相册视频的素材主要是婚纱照，在选择照片的时候，应重点选取那些展示人物的神态和幸福氛围的照片，会让观众看起来更能共情。

在制作《琴瑟和鸣》视频之前，首先来欣赏本案例的视频效果，并了解案例的学习目标、制作思路、知识讲解和要点讲堂。

13.1.1 效果欣赏

《琴瑟和鸣》婚纱相册视频的画面效果如图13-1所示。

图13-1　画面效果

13.1.2　学习目标

知识目标	掌握婚纱相册视频的制作方法
技能目标	（1）掌握为视频制作片头效果的操作方法 （2）掌握为视频添加关键帧的操作方法 （3）掌握为视频添加文字的操作方法 （4）掌握为视频制作片尾效果的操作方法 （5）掌握为视频添加背景音乐的操作方法
本章重点	为视频制作片头效果
本章难点	为视频添加关键帧
视频时长	23分17秒

13.1.3　制作思路

本案例首先介绍了为视频制作片头效果，然后为其添加关键帧、文字，为视频制作片尾效果，最后添加背景音乐。图13-2所示为本案例视频的制作思路。

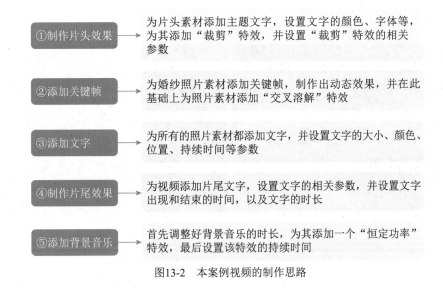

图13-2　本案例视频的制作思路

13.1.4　知识讲解

婚纱相册视频是由多张婚纱照片构成的动态相册，即以视频的形式来展示婚纱照片。制作婚纱相册视频，能够让更多的人看到这些照片，感受到幸福的喜悦，又能让别人知晓自己准备结婚或者即将结婚的计划。

13.1.5　要点讲堂

在本章内容中，会用到一个Premiere Pro 2023的功能——制作片头效果，这一功能的主要作用有两个，具体内容如下。

❶ 营造幸福氛围。通过片头的画面、音乐等内容为整个视频营造一种幸福的氛围，能够在视频一开始就吸引观众的注意力。

❷ 传递视频主题。通过为片头添加文字、效果等内容，来传达整个视频的主题。

为视频制作片头效果的主要方法为：为片头素材添加合适的文字，并为其设置字体、字号、位置，即可制作出美观的片头效果。除此之外，也可以直接导入片头素材，完成片头的制作。

13.2 《琴瑟和鸣》制作流程

本节将为大家介绍制作婚纱相册视频的操作方法，包括制作片头效果、添加关键帧、添加文字、制作片尾效果以及添加背景音乐，希望大家能够熟练掌握。

13.2.1 制作片头效果

随着科学技术的不断发展，人们逐渐开始为婚纱相册制作绚丽的片头，让原本单调的婚纱效果变得更加丰富、吸引人。下面介绍在Premiere Pro 2023中制作婚纱片头效果的操作方法。

扫码看视频

STEP 01 >>> 在"项目"面板中，导入制作该视频需要用到的所有素材，如图13-3所示。

STEP 02 >>> 拖曳片头素材至"时间轴"面板中，如图13-4所示，并设置其"持续时间"为00:00:10:00。

图13-3　导入所有素材　　　　　　　　图13-4　拖曳片头素材至"时间轴"面板中

STEP 03 >>> 选择"文字工具" **T**，在"节目监视器"面板中单击鼠标左键，即可新建一个文本框，在其中输入主题文字"《琴瑟和鸣》"，如图13-5所示。

STEP 04 >>> 在"效果控件"面板中，❶设置文字的"字体"为"楷体"；❷设置"字体大小"参数为100，如图13-6所示。

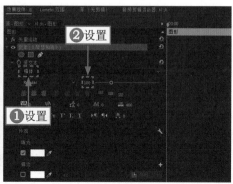

图13-5　输入主题文字　　　　　　　　图13-6　设置"字体大小"参数

STEP 05 >>> 在"外观"选项组中，单击"填充"颜色色块，在弹出的"拾色器"对话框中，**1**设置RGB参数为（246,237,6）；**2**单击"确定"按钮，如图13-7所示。

STEP 06 >>> **1**选中"描边"复选框；**2**单击颜色色块，如图13-8所示。

图13-7 单击"确定"按钮

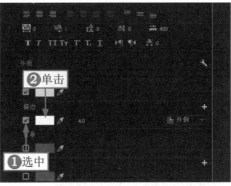

图13-8 单击颜色色块

STEP 07 >>> 在弹出的"拾色器"对话框中，**1**设置RGB参数为（238,20,20）；**2**单击"确定"按钮，如图13-9所示。

STEP 08 >>> **1**设置"描边宽度"参数为2.0；**2**选中"阴影"复选框；在"阴影"下方的选项组中，**3**设置"距离"参数为8.0，如图13-10所示。

图13-9 单击"确定"按钮

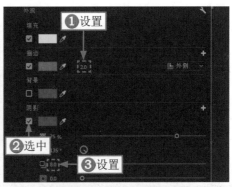

图13-10 设置"距离"参数

STEP 09 >>> 在"变换"选项组中，设置"位置"参数为（148.7,293.7），如图13-11所示。

STEP 10 >>> 在"效果"面板中，**1**展开"视频效果"|"变换"选项；**2**选择"裁剪"选项，如图13-12所示，双击鼠标左键，即可为文字添加"裁剪"视频效果。

图13-11 设置"位置"参数

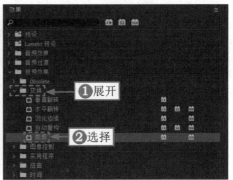

图13-12 选择"裁剪"选项

STEP 11 ▶▶▶ 在"效果控件"面板的"裁剪"选项组中，❶单击"右侧"和"底部"左侧的"切换动画"按钮；❷设置"右侧"参数为100.0%，"底部"参数为100.0%；❸添加一组关键帧，如图13-13所示。

STEP 12 ▶▶▶ ❶拖曳时间滑块至00:00:04:00的位置；❷设置"右侧"参数为20.0%，"底部"参数为10.0%；❸添加第2组关键帧，如图13-14所示。

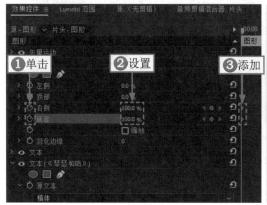

图13-13　添加一组关键帧

图13-14　添加第2组关键帧

13.2.2　添加关键帧

扫码看视频

在制作片头效果的步骤中，提到了关键帧的添加，而在《琴瑟和鸣》这一视频中，也需要为中间素材添加关键帧，使婚纱照片素材能够呈现出动态的效果。下面介绍在Premiere Pro 2023中添加关键帧的操作方法。

STEP 01 ▶▶▶ 在"项目"面板中，选择并拖曳背景素材至V1轨道中的合适位置，添加背景素材，如图13-15所示。

STEP 02 ▶▶▶ 在"项目"面板中，选择并拖曳照片素材至V2轨道中的合适位置，设置其"持续时间"为00:00:04:00，如图13-16所示。

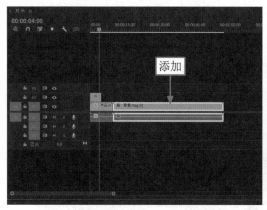

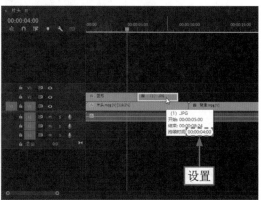

图13-15　添加背景素材

图13-16　设置持续时间（1）

STEP 03 ▶▶▶ ❶拖曳时间滑块至00:00:05:00的位置；选中照片素材，在"效果控件"面板中，❷单击"位置"和"缩放"左侧的"切换动画"按钮；❸设置"位置"参数为（355.0,277.0），"缩放"参数为15.0；❹添加一组关键帧，如图13-17所示。

STEP 04 ▶▶▶ ❶拖曳时间滑块至00:00:07:13的位置；❷设置"位置"参数为（360.0,320.0），"缩放"参数为65.0；❸添加第2组关键帧，如图13-18所示。

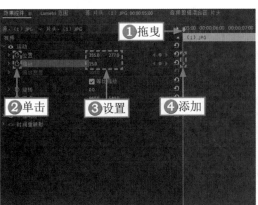

图13-17　添加一组关键帧

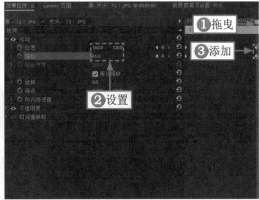

图13-18　添加第2组关键帧

STEP 05 ▶▶▶ 在"效果"面板中，❶展开"视频过渡"|"溶解"选项；❷选择"交叉溶解"选项，如图13-19所示。

STEP 06 ▶▶▶ 拖曳"交叉溶解"效果至V2轨道的照片素材上，并设置"持续时间"为00:00:04:00，如图13-20所示。

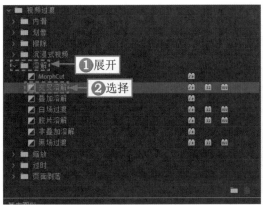

图13-19　选择"交叉溶解"选项

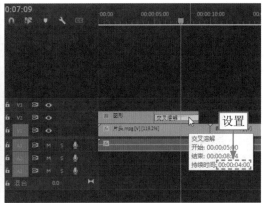

图13-20　设置持续时间（2）

STEP 07 ▶▶▶ 拖曳第2张照片素材至V2轨道中，设置"持续时间"为00:00:04:00，如图13-21所示。

STEP 08 ▶▶▶ 选择V2轨道中的第1张照片素材，单击鼠标右键，在弹出的快捷菜单中选择"复制"命令，如图13-22所示。

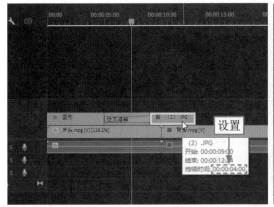

图13-21　设置持续时间（3）

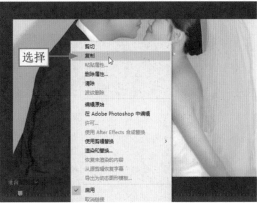

图13-22　选择"复制"命令

STEP 09 ▷▷▷ 选择V2轨道中的第2张照片素材，单击鼠标右键，在弹出的快捷菜单中选择"粘贴属性"命令，如图13-23所示。

STEP 10 ▷▷▷ 在弹出的"粘贴属性"对话框中，单击"确定"按钮，如图13-24所示，即可将第1张照片素材的视频属性粘贴至第2张照片素材。

图13-23 选择"粘贴属性"命令　　　图13-24 单击"确定"按钮

STEP 11 ▷▷▷ 拖曳时间滑块至00:00:09:00的位置，在"效果控件"面板中，设置"缩放"参数为45.0，如图13-25所示。

STEP 12 ▷▷▷ 用同样的方法，按照顺序拖曳剩余的照片素材至V2轨道中，并设置"持续时间"为00:00:04:00，如图13-26所示。

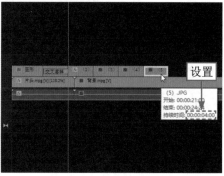

图13-25 设置"缩放"参数　　　图13-26 设置持续时间（4）

STEP 13 ▷▷▷ 选择V2轨道中的第2张照片素材，单击鼠标右键，在弹出的快捷菜单中选择"复制"命令，选择剩余的所有照片素材，如图13-27所示。

STEP 14 ▷▷▷ 单击鼠标右键，在弹出的快捷菜单中选择"粘贴属性"命令，如图13-28所示。

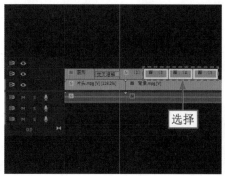

图13-27 选择剩余的所有照片素材　　　图13-28 选择"粘贴属性"命令

STEP 15 ▶▶ 弹出"粘贴属性"对话框，单击"确定"按钮，即可将第2张照片素材设置的视频属性，粘贴到剩余的照片素材上，效果如图13-29所示。

STEP 16 ▶▶ 为V2轨道中的第2～5张照片素材添加"交叉溶解"视频效果，并设置"持续时间"为00:00:02:00，如图13-30所示。

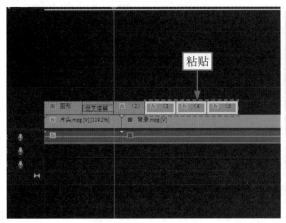

图13-29 粘贴视频属性

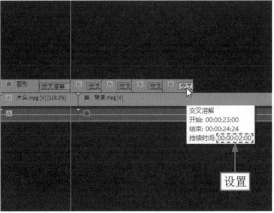

图13-30 设置持续时间（5）

13.2.3 添加文字

扫码看视频

为每张照片素材添加合适的文字，不仅能够提高视频画面的专业感，还能增强观众的情感共鸣。下面介绍在Premiere Pro 2023中添加文字的操作方法。

STEP 01 ▶▶ 选择"文字工具" **T**，在"节目监视器"面板中单击鼠标左键，新建一个文本框，在其中输入文字"天作之合"，如图13-31所示。

STEP 02 ▶▶ 在"时间轴"面板中，调整文字素材的位置和时长，如图13-32所示。

图13-31 输入文字

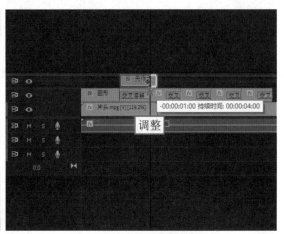

图13-32 调整文字素材的位置和时长

STEP 03 ▶▶ 在"效果控件"面板中，设置文字的"字体大小"参数为71，如图13-33所示。

STEP 04 ▶▶ 在"外观"选项组中，❶设置"填充"颜色为白色；❷设置"描边宽度"参数为5.0；❸在"阴影"下方的选项组中，设置"距离"参数为7.0，如图13-34所示。

STEP 05 ▶▶ 在"变换"选项组中，❶单击"位置"和"不透明度"左侧的"切换动画"按钮；❷设置"位置"参数为（−220.0,50.0），"不透明度"参数为70.0%；❸添加一组关键帧，如图13-35所示。

STEP 06 ►►► 拖曳时间滑块至00:00:07:13的位置，❶设置"位置"参数为（162.0,128.0），"不透明度"参数为100.0%；❷添加第2组关键帧，如图13-36所示。

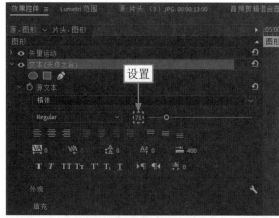

图13-33　设置"字体大小"参数

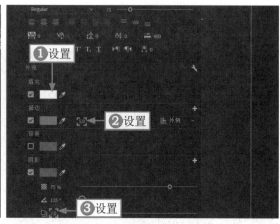

图13-34　设置"距离"参数

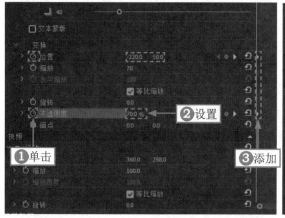

图13-35　添加一组关键帧

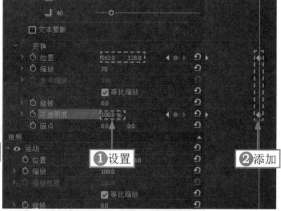

图13-36　添加第2组关键帧

STEP 07 ►►► 拖曳时间滑块至00:00:09:00的位置，选择"文字工具" T ，在"节目监视器"面板中单击鼠标左键，新建一个文本框，在其中输入文字"情投意合"，如图13-37所示。

STEP 08 ►►► 在"时间轴"面板中，调整文字的"持续时间"为00:00:02:00，如图13-38所示。

图13-37　输入文字

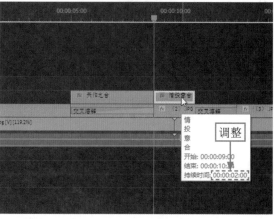

图13-38　调整字幕的持续时间

STEP 09 >>> 在"效果控件"面板中，设置"位置"参数为（60.0,118.0），如图13-39所示。

STEP 10 >>> 用同样的方法，为剩余的照片素材添加文字，效果如图13-40所示。

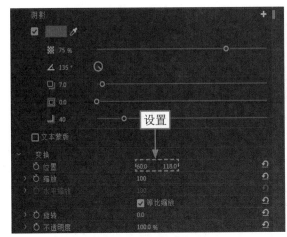

图13-39 设置"位置"参数

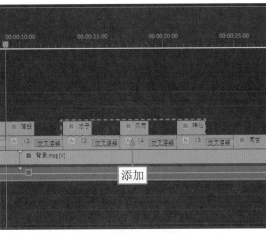

图13-40 为剩余的照片素材添加文字

STEP 11 >>> 选择V2轨道中的第2张照片素材，在"效果控件"面板中，设置"混合模式"为"滤色"，如图13-41所示。用同样的方法，为剩余的照片素材都设置"混合模式"为"滤色"。

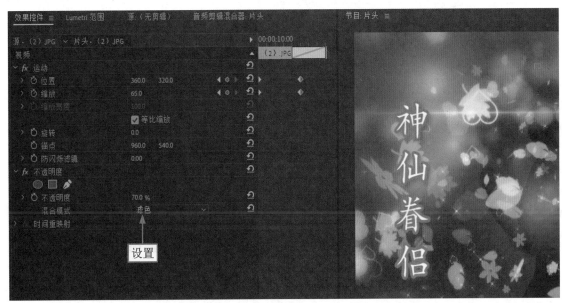

图13-41 设置"混合模式"为"滤色"

13.2.4 制作片尾效果

当相册的基本编辑接近尾声时，便可以开始制作相册视频的片尾了，主要是为婚纱相册视频的片尾添加字幕效果，再次点明视频的主题。下面介绍在Premiere Pro 2023中制作片尾效果的操作方法。

扫码看视频

STEP 01 >>> 拖曳时间滑块至最后一张素材的结束位置，选择"文字工具" ，在"节目监视器"面板中单击鼠标左键，新建一个文本框，在其中输入片尾文字。在"时间轴"面板中选择添加的文字素材，设置"持续时间"为00:00:09:13，如图13-42所示。

STEP 02 >>> 在"效果控件"面板中，❶设置文字的"字体"为"楷体"；❷设置"字体大小"参数为60，如图13-43所示。

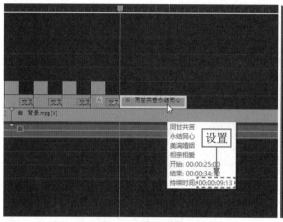
图13-42　设置持续时间

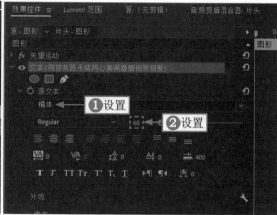
图13-43　设置"字体大小"参数

STEP 03 >>> 在"外观"选项组中，❶设置"填充"颜色为白色；❷选中"描边"复选框；❸单击颜色色块，如图13-44所示。

STEP 04 >>> 在弹出的"拾色器"对话框中，❶设置RGB参数为（238,20,20）；❷单击"确定"按钮，如图13-45所示。

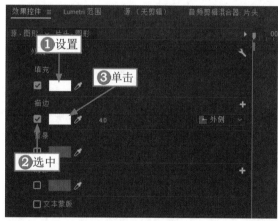
图13-44　单击颜色色块

图13-45　单击"确定"按钮

STEP 05 >>> ❶设置"描边宽度"参数为5.0；❷选中"阴影"复选框；在"阴影"下方的选项组中，❸设置"距离"参数为7.0，如图13-46所示。

STEP 06 >>> 拖曳时间滑块至00:00:25:00的位置，在"变换"选项组中，❶单击"位置"左侧的"切换动画"按钮；❷设置"位置"参数为（255.0,646.7）；❸添加一个关键帧，如图13-47所示。

STEP 07 >>> 拖曳时间滑块至00:00:27:08的位置，❶设置"位置"参数为（263.0,198.5）；❷添加第2个关键帧，如图13-48所示。在00:00:30:14的位置，设置相同的参数，添加第3个关键帧。

STEP 08 >>> 拖曳时间滑块至00:00:34:12的位置，❶设置"位置"参数为（250.0,–350.0）；❷添加第4个关键帧，如图13-49所示。

STEP 09 >>> 在"时间轴"面板中，调整V1轨道中背景素材的"持续时间"为00:00:24:12，如图13-50所示。

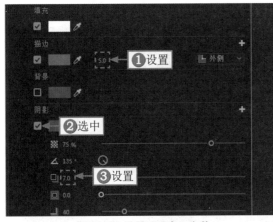

图13-46 设置"距离"参数

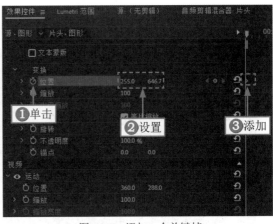

图13-47 添加一个关键帧

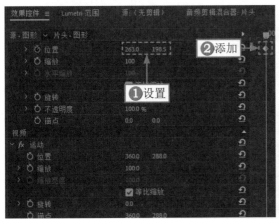

图13-48 添加第2个关键帧

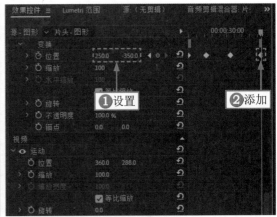

图13-49 添加第4个关键帧

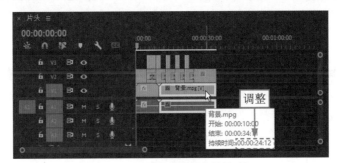

图13-50 调整背景素材的持续时间

13.2.5 添加背景音乐

扫码看视频

制作完相关效果后，接下来为整个视频添加一个合适的背景音乐，让整个视频更加完美。下面介绍在Premiere Pro 2023中添加背景音乐的操作方法。

STEP 01 >>> 拖曳时间滑块至开始位置，在"项目"面板中选择背景音乐素材，单击鼠标左键，并将其拖曳至A2轨道中，调整素材的时长，如图13-51所示。

STEP 02 >>> 在"效果"面板中，展开"音频过渡" | "交叉淡化"选项，选择"恒定功率"特效，单击鼠标左键，将其拖曳至背景音乐素材上，即可为其添加音频过渡效果。调整"恒定功率"音频过渡效果的"持续时

间"为00:00:34:12，如图13-52所示。

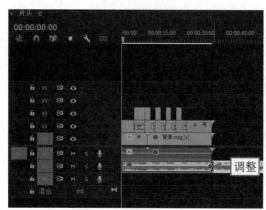

图13-51　调整素材的时长

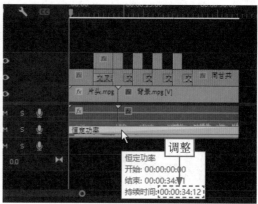

图13-52　调整"恒定功率"特效的持续时间

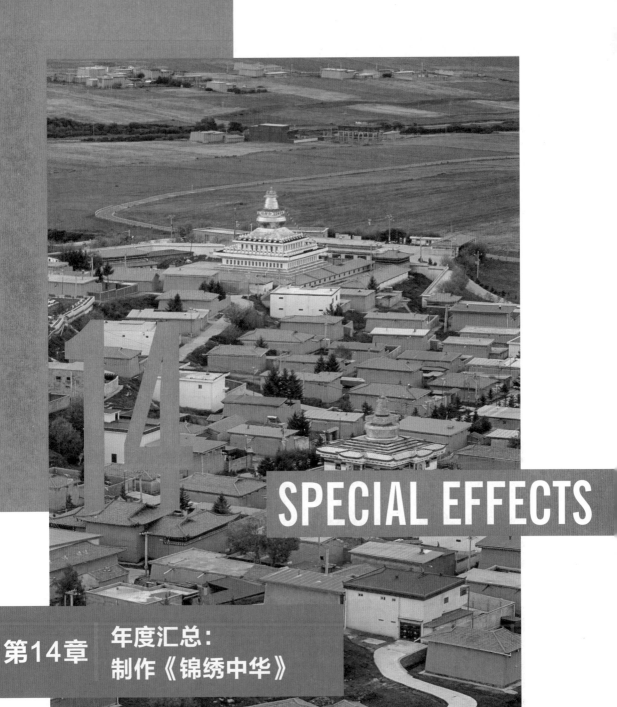

SPECIAL EFFECTS

第14章　年度汇总：
制作《锦绣中华》

年度汇总视频用于对某一年内工作或者生活的总结。以摄影师
为例，他制作的年度汇总视频就可以是展示自己在某一年内拍摄的
所有视频。在制作年度汇总视频的时候，如果素材过多，最好选取
那些画面精美、适合被展示出来的素材，这样可以精简视频内容。

14.1 《锦绣中华》效果展示

制作年度汇总视频的时候，准备的素材需要多一些，不宜太少，否则就可能体现不出"年度"这一词。除了平常的一个整的年度之外，年度汇总视频也可以是半个年度，即一年中的上半年或者是下半年，《锦绣中华》实例就是对2023年上半年的视频汇总。

在制作《锦绣中华》视频之前，首先来欣赏本案例的视频效果，并了解案例的学习目标、制作思路、知识讲解和要点讲堂。

14.1.1 效果欣赏

《锦绣中华》年度汇总视频的画面效果如图14-1所示。

图14-1　画面效果

14.1.2 学习目标

知识目标	掌握年度汇总视频的制作方法
技能目标	（1）掌握在Premiere Pro 2023中导入素材的操作方法 （2）掌握为视频添加转场的操作方法 （3）掌握为视频添加文字的操作方法 （4）掌握为视频添加背景音乐的操作方法
本章重点	为视频添加转场
本章难点	为视频添加文字
视频时长	16分50秒

14.1.3 制作思路

本案例首先介绍了在Premiere Pro 2023中导入素材，然后为视频添加转场、文字，最后添加背景音乐。图14-2所示为本案例视频的制作思路。

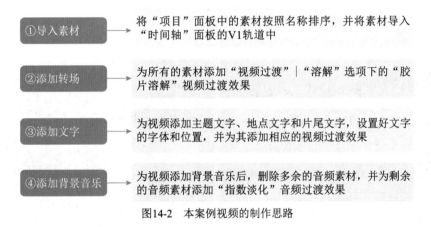

图14-2 本案例视频的制作思路

14.1.4 知识讲解

年度汇总视频是对自己一年内工作、生活的总结，它分为不同的类型，可以从职业上进行区分，比如设计师，如果做年度汇总视频，就是自己一年内设计的作品汇总。在《锦绣中华》案例视频中，主要是对2023年上半年拍摄的视频进行汇总。

14.1.5 要点讲堂

在本章内容中，会用到一个Premiere Pro 2023的功能——添加文字，这一功能的主要作用有3个，具体内容如下。

❶ 表明视频主题。在本案例视频中，最开始的文字"锦绣中华"用来表明视频的主题。

❷ 表明视频地点。因为《锦绣中华》案例是对摄影视频的总结，所以为每个素材添加地点文字，能够让观众知道画面中的地点。

❸ 表明期待与展望。在《锦绣中华》案例视频的末尾，对该视频的内容进行了一个总结，即这个视频中的内容只是2023年上半年的作品汇总，而下半年的作品则是"敬请期待"，这一文字的出现能够让观看该视频的人产生好奇心。

　　为视频添加文字的主要方法为：在素材的合适位置添加文字，为其设置合适的字体和字体大小，并设置相应的文字效果。

14.2 《锦绣中华》制作流程

　　本节将为大家介绍制作年度汇总视频的操作方法，包括导入素材、添加转场、添加文字以及添加背景音乐，希望大家能够熟练掌握。

14.2.1 导入素材

　　制作年度汇总视频使用的素材比较多，所以在Premiere Pro 2023软件中操作的时候，需要先导入、处理好素材，这样才方便之后的一系列操作。下面介绍在Premiere Pro 2023中导入素材的操作方法。

扫码看视频

STEP 01 ≫ 将所有需要用到的素材导入"项目"面板后，单击"排序图标"按钮 ，如图14-3所示。

STEP 02 ≫ 弹出列表框，选择"名称"选项，如图14-4所示。

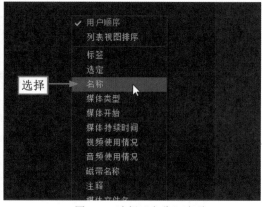

　　　　图14-3　单击"排序图标"按钮　　　　　　　　　图14-4　选择"名称"选项

STEP 03 ≫ 执行操作后，即可将"项目"面板中的素材按照名称排序，效果如图14-5所示。

图14-5　按素材名称排序的"项目"面板

STEP 04 ▷▷▷ 选中所有的视频素材，将其拖曳至"时间轴"面板的V1轨道中，如图14-6所示。

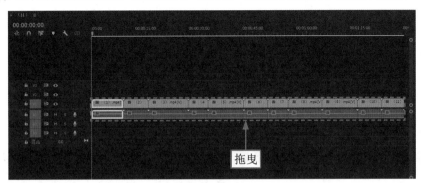

图14-6 将所有视频素材拖曳至V1轨道中

14.2.2 添加转场

年度汇总视频是由多个素材组合而成的视频，所以为了让画面切换更加自然，需要为其添加相应的转场效果。下面介绍在Premiere Pro 2023中为年度汇总视频添加转场的操作方法。

扫码看视频

STEP 01 ▷▷▷ 在"效果"面板中，❶展开"视频过渡"|"溶解"选项；❷选择"胶片溶解"选项，如图14-7所示。

STEP 02 ▷▷▷ 长按鼠标左键，将其拖曳至V1轨道中第1段素材和第2段素材之间，即可为其添加"胶片溶解"视频过渡效果，如图14-8所示。

图14-7 选择"胶片溶解"选项

图14-8 添加"胶片溶解"视频过渡效果

STEP 03 ▷▷▷ 用同样的方法，为剩余的素材都添加"胶片溶解"视频过渡效果，如图14-9所示。

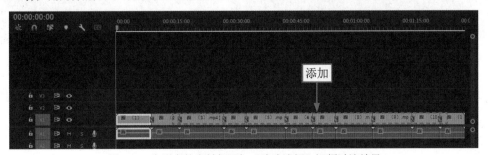

图14-9 为剩余的素材都添加"胶片溶解"视频过渡效果

117

14.2.3　添加文字

扫码看视频

为视频添加转场之后，接下来为视频添加对应的文字，设置好文字的相关参数，并为其添加相应效果。下面介绍在Premiere Pro 2023中为年度汇总视频添加文字的操作方法。

STEP 01 >>> 选择"文字工具"🅣，在"节目监视器"面板中单击鼠标左键，即可创建一个文本框，在其中输入主题文字"锦绣中华"，如图14-10所示。

STEP 02 >>> 在"效果控件"面板中，❶设置字体；❷设置"字体大小"参数为110，如图14-11所示。

图14-10　输入主题文字

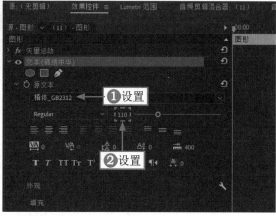

图14-11　设置"字体大小"参数

STEP 03 >>> 在"外观"选项组中，单击"填充"颜色色块，如图14-12所示。

STEP 04 >>> 在弹出的"拾色器"对话框中，❶设置RGB参数为（153,186,198），调整文字颜色；❷单击"确定"按钮，如图14-13所示，即可设置文字的填充颜色。

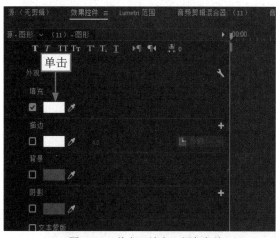

图14-12　单击"填充"颜色色块

图14-13　单击"确定"按钮

STEP 05 >>> ❶选中"描边"复选框；❷单击颜色色块，如图14-14所示。

STEP 06 >>> 在弹出的"拾色器"对话框中，❶设置RGB参数为（15,62,92）；❷单击"确定"按钮，如图14-15所示。

STEP 07 >>> 在"变换"选项组中，设置文字的"位置"参数为（707.2,465.7），如图14-16所示，适当调整文字的位置。

STEP 08 在"时间轴"面板中，设置主题文字的"持续时间"为00:00:08:12，如图14-17所示。

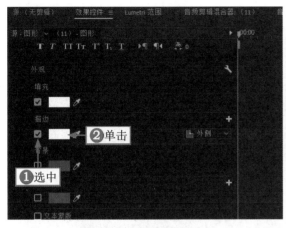

图14-14 单击颜色色块

图14-15 单击"确定"按钮

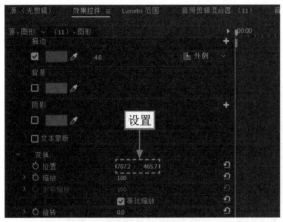

图14-16 设置"位置"参数

图14-17 设置文字素材的持续时间

STEP 09 拖曳时间滑块至00:00:09:00的位置，在"节目监视器"面板中单击鼠标左键，创建一个文本框，在其中输入相应的地点文字，如图14-18所示。

STEP 10 在"时间轴"面板中，调整文字素材的时长，使其与第2段素材的时长保持一致，如图14-19所示。

图14-18 输入相应的地点文字

图14-19 调整文字素材的时长

STEP 11 ➤➤➤ 在"效果控件"面板中，❶设置文字的"字体"为"隶书"；❷设置"字体大小"参数为82，如图14-20所示，适当缩小文字。

STEP 12 ➤➤➤ 在"外观"选项组中，单击"描边"颜色色块，如图14-21所示。

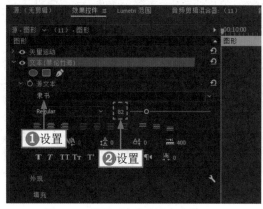
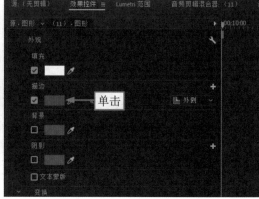

图14-20　设置"字体大小"参数　　　　　图14-21　单击"描边"颜色色块

STEP 13 ➤➤➤ 在弹出的"拾色器"对话框中，❶设置RGB参数为（7,46,2）；❷单击"确定"按钮，如图14-22所示。

STEP 14 ➤➤➤ 在"变换"选项组中，设置"位置"参数为（1528.8,120.7），如图14-23所示，适当调整文字的位置。

图14-22　单击"确定"按钮　　　　　图14-23　设置"位置"参数

STEP 15 ➤➤➤ 用同样的方法，为第3～11段视频素材都添加对应的地点文字，效果如图14-24所示。

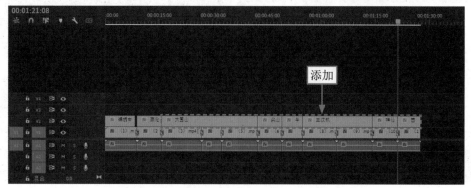

图14-24　第3～11段视频素材添加对应地点文字的效果

STEP 16 >>> 设置最后一个文字素材的"持续时间"为00:00:02:00，如图14-25所示。

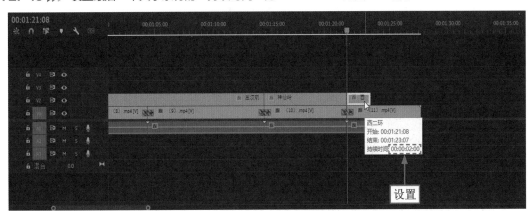

图14-25　设置文字素材的持续时间

STEP 17 >>> 拖曳时间滑块至00:01:23:08的位置，在"节目监视器"面板中单击鼠标左键，创建一个文本框，在其中输入相应的片尾文字，如图14-26所示。

STEP 18 >>> 调整片尾文字素材的时长，使其与V1轨道中的素材对齐，如图14-27所示。

图14-26　输入相应的片尾文字

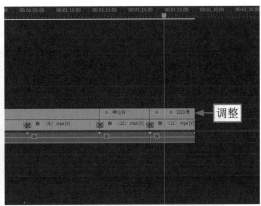

图14-27　调整文字素材的时长

STEP 19 >>> 在"效果控件"面板中，❶设置字体；❷设置"字体大小"参数为130，如图14-28所示。

STEP 20 >>> 单击"填充"颜色色块，在弹出的"拾色器"对话框中，❶设置RGB参数为（164,213,231）；❷单击"确定"按钮，如图14-29所示。

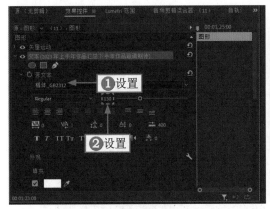

图14-28　设置"字体大小"参数

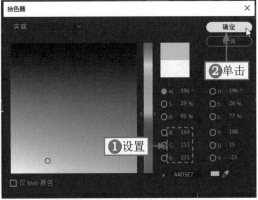

图14-29　单击"确定"按钮

STEP 21 ➤➤➤ ❶选中"描边"复选框；❷单击颜色色块，如图14-30所示。

STEP 22 ➤➤➤ 在弹出的"拾色器"对话框中，❶设置RGB参数为（15,62,92）；❷单击"确定"按钮，如图14-31所示。

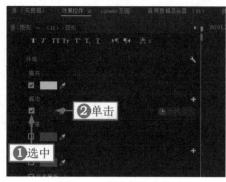

图14-30　单击颜色色块　　　　　　　　图14-31　单击"确定"按钮

STEP 23 ➤➤➤ 在"变换"选项组中，设置"位置"参数为（337.2,465.7），如图14-32所示，调整文字至合适的位置。

STEP 24 ➤➤➤ 在"效果"面板中，❶展开"视频过渡"|"擦除"选项；❷选择"棋盘擦除"选项，如图14-33所示。

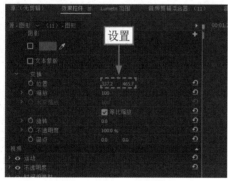

图14-32　设置"位置"参数　　　　　　　图14-33　选择"棋盘擦除"选项

STEP 25 ➤➤➤ 长按鼠标左键，将其拖曳至V1轨道上第1个文字素材的开始位置，即可为其添加"棋盘擦除"视频过渡效果，如图14-34所示。调整该效果的时长，使其与第1个文字素材对齐。

STEP 26 ➤➤➤ 用同样的操作方法，在剩余文字素材的结束位置都添加"交叉溶解"视频过渡效果，如图14-35所示，使文字出现、过渡得更自然。

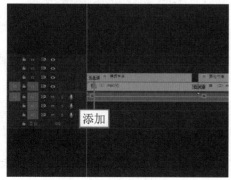

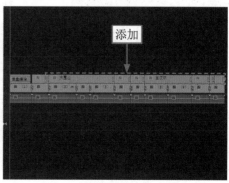

图14-34　添加"棋盘擦除"视频过渡效果　　图14-35　添加"交叉溶解"视频过渡效果

14.2.4 添加背景音乐

为年度汇总视频添加背景音乐，能够让视频画面更具观赏性。下面介绍在Premiere Pro 2023中为视频添加背景音乐的操作方法。

STEP 01 >>> 在"项目"面板中，双击背景音乐素材，在"源监视器"面板中，移动鼠标到"仅拖动音频"按钮 上，长按鼠标左键，将该素材中的音频拖曳至"时间轴"面板的A2轨道中，如图14-36所示。

STEP 02 >>> ❶拖曳时间滑块至视频素材的结束位置；❷选择"剃刀工具" ；❸在A2轨道的素材上单击鼠标左键，如图14-37所示，即可分割出多余的音频。

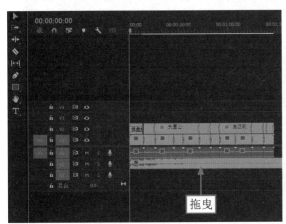
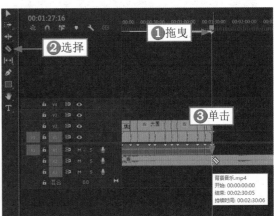

图14-36　拖曳音频至A2轨道中　　　　　　　　图14-37　分割音频

STEP 03 >>> ❶选择"选择工具" ；❷选择分割后的第2段音频素材，如图14-38所示，按Delete键删除多余的音频。

STEP 04 >>> 在"效果"面板中，❶展开"音频过渡"|"交叉淡化"选项；❷选择"指数淡化"选项，如图14-39所示。

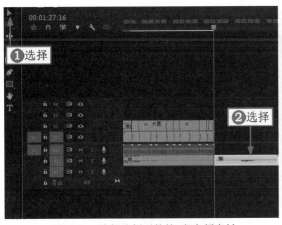

图14-38　选择分割后的第2段音频素材　　　　　图14-39　选择"指数淡化"选项

STEP 05 >>> 将选择的"指数淡化"音频过渡效果添加到背景音乐素材的开始位置，制作音乐素材淡入效果，如图14-40所示。

STEP 06 >>> 将"指数淡化"音频过渡效果添加到背景音乐素材的结束位置，制作音乐素材淡出效果，如图14-41所示。

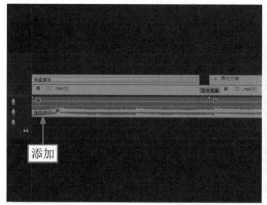

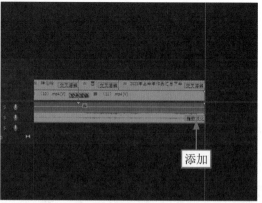

图14-40　添加"指数淡化"音频过渡效果（1）　　图14-41　添加"指数淡化"音频过渡效果（2）

15

SPECIAL EFFECTS

第15章　儿童相册：
制作《幸福宝贝》

　　儿童相册，这里主要是由多张儿童照片制作而成的一个动态的相册，并通过为其添加片头、片尾和文字效果，使得整个视频看起来更具动感。在制作儿童相册的时候，创作者要以突出儿童的动作和表情为主，留下儿童可爱的一面。

15.1 《幸福宝贝》效果展示

儿童相册视频的素材主要是儿童的日常生活照，在选择照片的时候，可以重点选取那些看起来更活泼、灵动的照片，这样更能展示儿童的纯真、可爱。

在制作《幸福宝贝》视频之前，首先来欣赏本案例的视频效果，并了解案例的学习目标、制作思路、知识讲解和要点讲堂。

15.1.1 效果欣赏

《幸福宝贝》儿童相册视频的画面效果如图15-1所示。

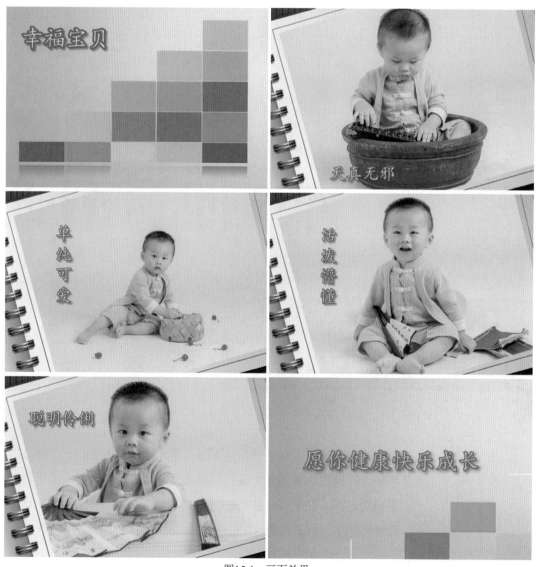

图15-1　画面效果

15.1.2 学习目标

知识目标	掌握儿童相册视频的制作方法
技能目标	（1）掌握为视频制作片头效果的操作方法 （2）掌握为视频制作主体效果的操作方法 （3）掌握为视频添加文字的操作方法 （4）掌握为视频制作片尾效果的操作方法 （5）掌握为视频添加背景音乐的操作方法
本章重点	为视频制作片头、片尾效果
本章难点	为视频制作主体效果
视频时长	29分18秒

15.1.3 制作思路

本案例首先介绍了为视频制作片头效果，然后为其制作主体效果、添加文字、制作片尾效果，最后添加背景音乐。图15-2所示为本案例视频的制作思路。

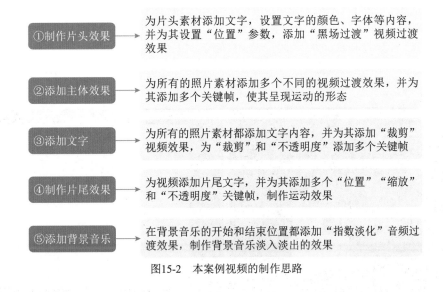

①制作片头效果	为片头素材添加文字，设置文字的颜色、字体等内容，并为其设置"位置"参数，添加"黑场过渡"视频过渡效果
②添加主体效果	为所有的照片素材添加多个不同的视频过渡效果，并为其添加多个关键帧，使其呈现运动的形态
③添加文字	为所有的照片素材都添加文字内容，并为其添加"裁剪"视频效果，为"裁剪"和"不透明度"添加多个关键帧
④制作片尾效果	为视频添加片尾文字，并为其添加多个"位置""缩放"和"不透明度"关键帧，制作运动效果
⑤添加背景音乐	在背景音乐的开始和结束位置都添加"指数淡化"音频过渡效果，制作背景音乐淡入淡出的效果

图15-2 本案例视频的制作思路

15.1.4 知识讲解

儿童相册主要是由多张儿童照片构成的动态相册，即让照片以动态的效果呈现，通过为照片添加效果，使其最终以视频的形式展示出来。制作儿童相册视频，能够和观众分享孩子的快乐时光，保留孩子的珍贵回忆。

15.1.5 要点讲堂

在本章内容中，会用到一个Premiere Pro 2023的功能——制作主体效果，这一功能的主要作用有两个，具体内容如下。

❶ 让视频过渡更自然。主体效果中包括为儿童照片添加视频过渡效果，能够让画面切换更流畅，使画面看起来更精美、专业。

❷ 让画面更显动感。主体效果中包括为照片素材设置"旋转"和"缩放"运动特效，能够让视频画面动起来，从而减少照片素材在视频形式中的不自然。

为视频制作主体效果的主要方法为：为照片素材设置合适的视频过渡效果和"旋转""缩放"运动特效。"旋转""缩放"的具体参数设置，要根据素材在画面中的显示程度来决定。

15.2 《幸福宝贝》制作流程

本节将为大家介绍制作儿童相册视频的操作方法，包括制作片头效果、制作主体效果、添加文字、制作片尾效果以及添加背景音乐，希望大家能够熟练掌握。

15.2.1 制作片头效果

制作儿童生活相册的第一步，就是制作出能够突出相册主题、形象绚丽的相册片头效果。下面介绍在Premiere Pro 2023中制作相册片头效果的操作方法。

扫码看视频

STEP 01 ⋙ 按Ctrl+O组合键，打开一个项目文件，在"项目"面板中将片头素材拖曳至V1轨道中，并设置其"持续时间"为00:00:05:00，如图15-3所示。

STEP 02 ⋙ 选择"文字工具" **T**，在"节目监视器"面板中，单击鼠标左键，即可新建一个文本框，在其中输入主题文字"幸福宝贝"，如图15-4所示，然后调整文字素材的持续时长。

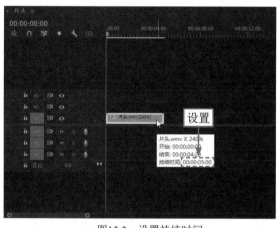
图15-3 设置持续时间

图15-4 输入主题文字

STEP 03 ⋙ 在"效果控件"面板中，❶设置文字的"字体"为"楷体"；❷设置"字体大小"参数为60，如图15-5所示。

STEP 04 ⋙ 在"外观"选项组中，单击"填充"颜色色块，在弹出的"拾色器"对话框中，❶设置RGB参数为（220,220,30）；❷单击"确定"按钮，如图15-6所示。

STEP 05 ⋙ 选中"描边"复选框，单击颜色色块，在弹出的"拾色器"对话框中，❶设置RGB参数为（240,20,20）；❷单击"确定"按钮，如图15-7所示。

STEP 06 ⋙ ❶设置"描边宽度"参数为5.0；❷选中"阴影"复选框；在"阴影"下方的选项组中，❸设置"距离"参数为6.5，如图15-8所示。

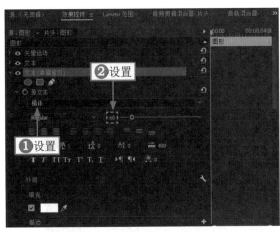

图15-5　设置"字体大小"参数

图15-6　单击"确定"按钮

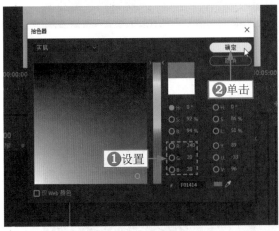

图15-7　单击"确定"按钮

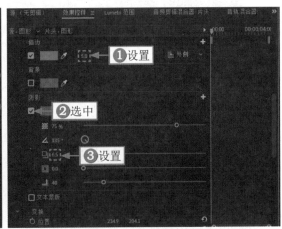

图15-8　设置"距离"参数

STEP 07 ▶▶ 在"变换"选项组中，❶单击"位置"左侧的"切换动画"按钮圆；❷设置"位置"参数为（155.0,580.0）；❸添加一个关键帧，如图15-9所示。

STEP 08 ▶▶ 拖曳时间滑块至00:00:02:00的位置，❶设置"位置"参数为（5.0,270.0）；❷添加第2个关键帧，如图15-10所示。

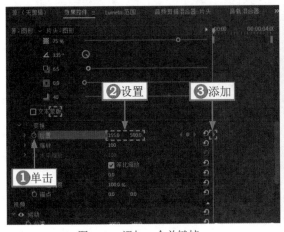

图15-9　添加一个关键帧

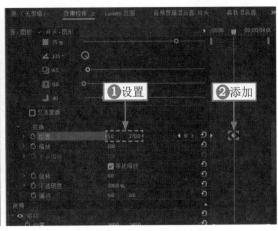

图15-10　添加第2个关键帧

STEP 09 >>> 拖曳时间滑块至00:00:03:00的位置，❶设置"位置"参数为（30.0,80.0）；❷添加第3个关键帧，如图15-11所示。

STEP 10 >>> 拖曳时间滑块至00:00:04:00的位置，❶设置"位置"参数为（50.0,140.0）；❷添加第4个关键帧，如图15-12所示。

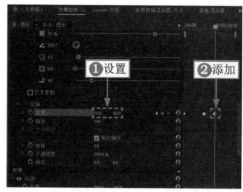
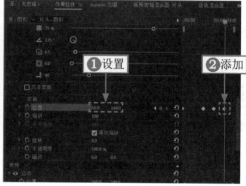

图15-11　添加第3个关键帧　　　　　　　图15-12　添加第4个关键帧

STEP 11 >>> 在"效果"面板中，❶展开"视频过渡"｜"溶解"选项；❷选择"黑场过渡"选项，如图15-13所示。

STEP 12 >>> 单击鼠标，将其分别拖曳至V1轨道中片头素材和V2轨道中文字素材的结束位置，添加"黑场过渡"视频过渡效果，如图15-14所示。

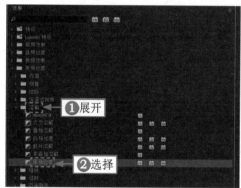

图15-13　选择"黑场过渡"选项　　　　　　图15-14　添加"黑场过渡"过渡效果

STEP 13 >>> 在"节目监视器"面板中，单击"播放-停止切换"按钮▶，即可预览儿童相册片头效果，如图15-15所示。

图15-15　预览儿童相册片头效果

15.2.2 制作主体效果

制作完片头效果后，接下来就可以制作儿童生活相册的主体效果。在《幸福宝贝》视频中，首先在儿童照片之间添加各种视频过渡效果，然后为照片添加"旋转""缩放"等运动特效。下面介绍在Premiere Pro 2023中制作儿童相册主体效果的操作方法。

STEP 01 ▶▶ 在"项目"面板中，选择5张儿童照片素材，将其添加到V1轨道中片头素材的后面，如图15-16所示。

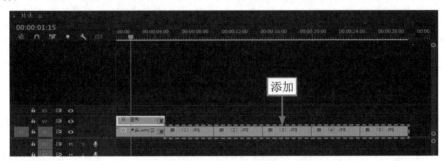

图15-16　添加照片素材

STEP 02 ▶▶ 将相框素材添加到V2轨道中文字素材的后面，调整相框素材的时长，使其与V1轨道中的素材对齐，如图15-17所示。

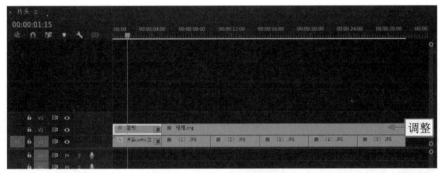

图15-17　调整相框素材的时长

STEP 03 ▶▶ 选择相框素材，在"效果控件"面板的"运动"选项组中，设置"缩放"参数为115.0，如图15-18所示。

STEP 04 ▶▶ 在"效果"面板中，依次展开"视频过渡"|"擦除"选项，分别将"油漆飞溅""水波块""双侧平推门""风车"过渡效果添加到V1轨道中的照片素材之间，如图15-19所示。

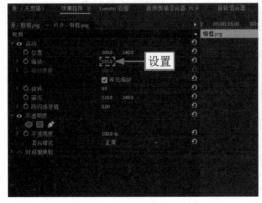

图15-18　设置"缩放"参数

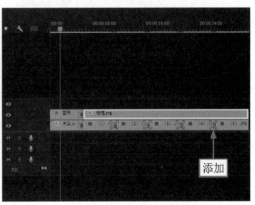

图15-19　添加视频过渡效果

STEP 05 ▶▶▶ 选择第1张照片素材，拖曳时间轴至00:00:05:00的位置，在"效果控件"面板中，❶单击"位置"选项左侧的"切换动画"按钮 ，❷设置"位置"参数为（360.0,240.0）；❸添加一个关键帧，如图15-20所示。

STEP 06 ▶▶▶ 拖曳时间滑块至00:00:08:00的位置，❶单击"缩放"选项左侧的"切换动画"按钮 ；❷设置"缩放"参数为20.0，"位置"参数为（360.0,270.0）；❸添加一组关键帧，如图15-21所示。

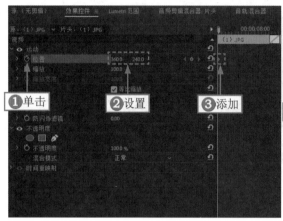

图15-20 添加一个关键帧（1）

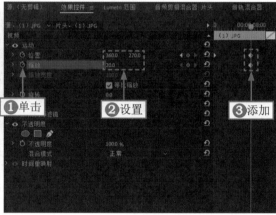

图15-21 添加一组关键帧

STEP 07 ▶▶▶ 拖曳时间滑块至00:00:09:17的位置，❶设置"缩放"参数为15.0；❷添加一个关键帧，如图15-22所示。

STEP 08 ▶▶▶ 在"节目监视器"面板中，单击"播放-停止切换"按钮 ，即可预览制作的图像运动效果，如图15-23所示。

图15-22 添加一个关键帧（2）

图15-23 预览制作的图像运动效果

STEP 09 ▶▶▶ 选择第2张照片素材，拖曳时间滑块至00:00:10:13的位置，在"效果控件"面板中，❶设置"位置"参数为（426.0,240.0）；❷单击"缩放"选项左侧的"切换动画"按钮 ；❸设置"缩放"参数为15.0；❹添加一个关键帧，如图15-24所示。

STEP 10 ▶▶▶ 拖曳时间滑块至00:00:12:00的位置，❶设置"缩放"参数为14.0；❷添加第2个关键帧，如图15-25所示。

STEP 11 ▶▶▶ 用同样的方法，为剩余的3张照片素材添加运动特效关键帧，在"节目监视器"面板中，单击"播放-停止切换"按钮 ，即可预览儿童相册主体效果，如图15-26所示。

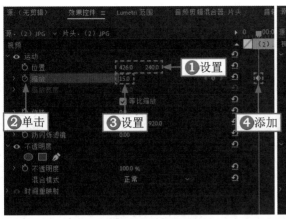

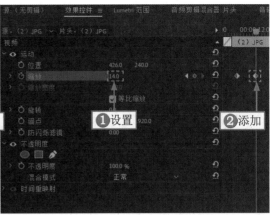

图15-24 添加一个关键帧　　　　图15-25 添加第2个关键帧

图15-26 预览儿童相册主体效果

15.2.3 添加文字

扫码看视频

制作完主体效果后，即可为儿童相册添加与之相匹配的文字。下面介绍在Premiere Pro 2023中为儿童相册添加文字的操作方法。

STEP 01 ≫ 拖曳时间滑块至00:00:05:00的位置，选择"文字工具" ，在"节目监视器"面板中，单击鼠标左键，新建一个文本框，在其中输入文字"天真无邪"，如图15-27所示。

STEP 02 ≫ 在"效果控件"面板中，设置"字体大小"参数为45，如图15-28所示。

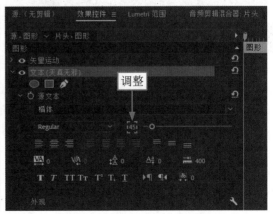

图15-27 输入文字　　　　图15-28 设置"字体大小"参数

STEP 03 >>> 在"外观"选项组中，设置"描边宽度"参数为2.0，如图15-29所示。

STEP 04 >>> 在"效果"面板中，①展开"视频效果"|"变换"选项；②选择"裁剪"选项，如图15-30所示，双击鼠标左键，即可为文字素材添加"裁剪"效果。

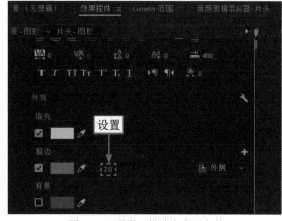

图15-29　设置"描边宽度"参数

图15-30　选择"裁剪"选项

STEP 05 >>> 在"效果控件"面板的"裁剪"选项组中，①单击"右侧"和"底部"选项左侧的"切换动画"按钮◙；②设置"右侧"参数为80.0%，"底部"参数为10.0%；③添加一组关键帧，如图15-31所示。

STEP 06 >>> 在"效果控件"面板的"变换"选项组中，①设置"位置"参数为（161.5,452.2）；②单击"不透明度"选项左侧的"切换动画"按钮◙；③设置"不透明度"参数为100.0%；④添加一个关键帧，如图15-32所示。

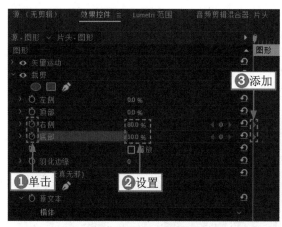

图15-31　添加一组关键帧

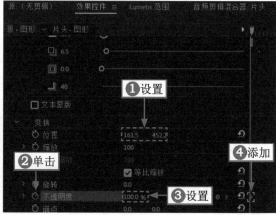

图15-32　添加一个关键帧（1）

STEP 07 >>> 拖曳时间滑块至00:00:08:00的位置，①设置"不透明度"参数为100.0%，"右侧"参数为30.0%，"底部"参数为0.0%；②添加第2组关键帧，如图15-33所示。

STEP 08 >>> 拖曳时间滑块至00:00:09:00的位置，①设置"不透明度"参数为0.0%；②添加一个关键帧，如图15-34所示。

STEP 09 >>> 用同样的方法，为剩余的4张照片素材添加相匹配的文字，调整文字素材的时长，使其与照片素材的时长保持一致，并为文字添加运动特效关键帧，"时间轴"面板的效果如图15-35所示。

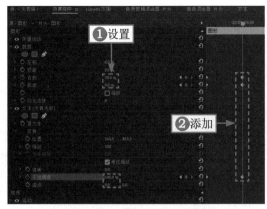 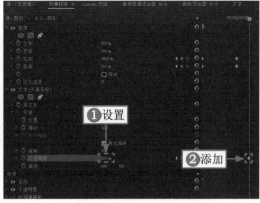

图15-33 添加第2组关键帧 　　　　图15-34 添加一个关键帧（2）

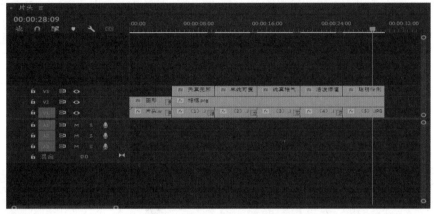

图15-35 "时间轴"面板的效果

15.2.4 制作片尾效果

主体字幕文件制作完成后，即可开始制作儿童相册的片尾效果。下面介绍在Premiere Pro 2023中制作儿童相册片尾效果的操作方法。

扫码看视频

STEP 01 >>> 将片尾素材添加到V1轨道中的最后一张照片素材的后面，如图15-36所示。

STEP 02 >>> 拖曳时间滑块至00:00:29:25的位置，选择"文字工具"，在"节目监视器"面板中，单击鼠标左键，即可新建一个文本框，在其中输入需要的片尾文字，如图15-37所示。

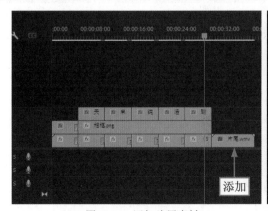 

图15-36 添加片尾素材 　　　　图15-37 输入需要的片尾文字

STEP 03 >>> 在"时间轴"面板中，选择添加的文字素材，设置其"持续时间"为00:00:04:00，如图15-38所示。

STEP 04 >>> 在"效果控件"面板中，设置文字的"字体大小"参数为60，如图15-39所示。

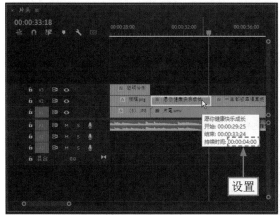

图15-38　设置持续时间　　　　　　　　　　　图15-39　设置"字体大小"参数

STEP 05 >>> 在"外观"选项组中，设置"描边宽度"参数为3.0，如图15-40所示。

STEP 06 >>> 在"变换"选项组中，❶单击"位置""缩放"和"不透明度"选项左侧的"切换动画"按钮 ；❷设置"位置"参数为（220.0，470.0），"缩放"参数为50，"不透明度"参数为0.0%；❸添加一组关键帧，如图15-41所示。

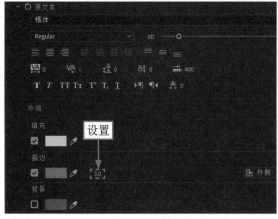

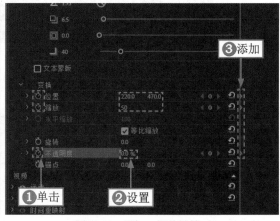

图15-40　设置"描边宽度"参数　　　　　　　　　图15-41　添加一组关键帧

STEP 07 >>> 拖曳时间滑块至00:00:30:25的位置，❶设置"位置"参数为（120.0，180.0）；❷添加一个关键帧，如图15-42所示。

STEP 08 >>> 拖曳时间滑块至00:00:31:19的位置，❶设置"位置"参数为（95.0，240.0），"缩放"参数为100，"不透明度"参数为100.0%；❷添加第2组关键帧，如图15-43所示。

STEP 09 >>> 拖曳时间滑块至00:00:33:00的位置，❶选择上一组的"位置"关键帧，单击鼠标右键；在弹出的快捷菜单中，❷选择"复制"命令，如图15-44所示。

STEP 10 >>> 在时间线位置处单击鼠标右键，在弹出的快捷菜单中选择"粘贴"命令，如图15-45所示。用同样的操作方法，分别将"缩放"和"不透明度"的第2组关键帧参数粘贴至时间线位置处，添加第3组关键帧。

STEP 11 >>> 拖曳时间滑块至00:00:33:19的位置，❶设置"位置"参数为（730.0，5.0）；❷添加一个关键帧，如图15-46所示。

STEP 12 ≫ 用同样的方法，在00:00:33:25的位置，再次添加一个文字素材，并设置"持续时间"为00:00:03:27，使其时长与片尾素材的时长保持一致，如图15-47所示。

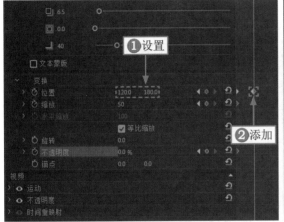

图15-42 添加一个关键帧

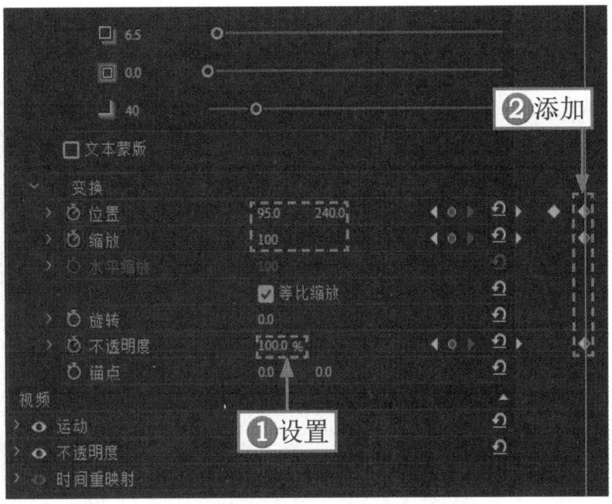

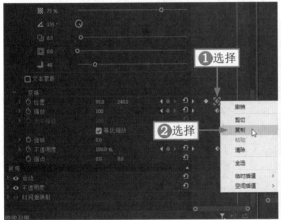

图15-44 选择"复制"命令

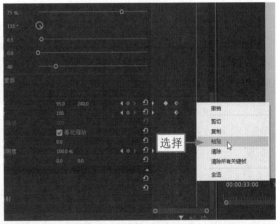

图15-43 添加第2组关键帧

图15-45 选择"粘贴"命令

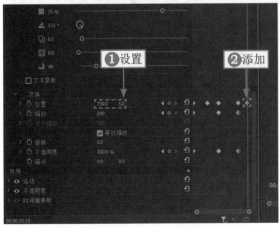

图15-46 添加一个关键帧

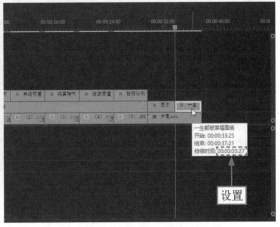

图15-47 设置文字素材的持续时间

STEP 13 在"效果控件"面板的"变换"选项组中，❶单击"位置""缩放"和"不透明度"选项左侧的"切换动画"按钮；❷设置"位置"参数为（220.0,470.0），"缩放"参数为50，"不透明度"参数为0.0%；❸添加一组关键帧，如图15-48所示。

STEP 14 拖曳时间滑块至00:00:35:29的位置，❶设置"位置"参数为（120.0,180.0）；❷添加一个关键帧，如图15-49所示。

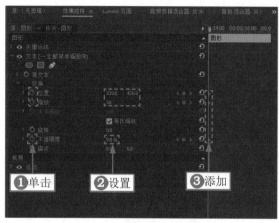

图15-48 添加一组关键帧

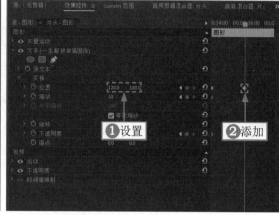

图15-49 添加一个关键帧

STEP 15 拖曳时间滑块至00:00:37:00的位置，❶设置"位置"参数为（107.0,252.0），"缩放"参数为100，"不透明度"参数为100.0%；❷添加第2组关键帧，如图15-50所示。

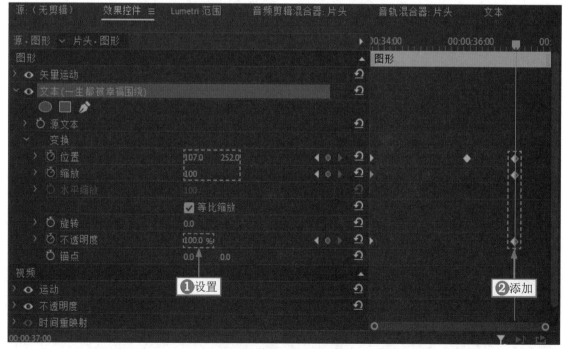

图15-50 添加第2组关键帧

STEP 16 在"节目监视器"面板中，单击"播放-停止切换"按钮，即可预览儿童相册的片尾效果，如图15-51所示。

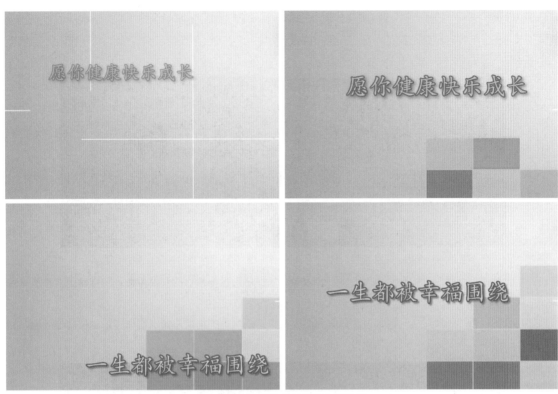

图15-51 预览儿童相册的片尾效果

15.2.5 添加背景音乐

制作完相关效果后，还需要为儿童相册添加合适的背景音乐，并且在音乐素材的开始与结束位置添加音频过渡效果。下面介绍在Premiere Pro 2023中为儿童相册添加背景音乐的操作方法。

扫码看视频

STEP 01 >>> 拖曳时间滑块至开始位置，在"项目"面板中，将背景音乐素材添加到"时间轴"面板的A1轨道中，如图15-52所示。

STEP 02 >>> 拖曳时间滑块至00:00:37:22的位置，选择"剃刀工具" ◆，在时间轴位置处单击鼠标左键，将音乐素材分割为两段，如图15-53所示。

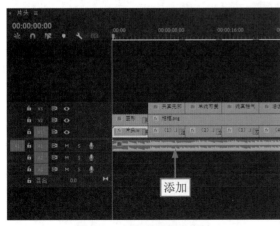

图15-52 添加背景音乐素材

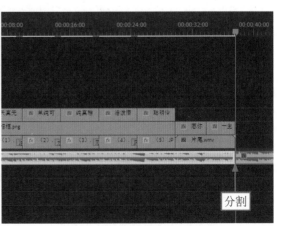

图15-53 将音乐素材分割为两段

STEP 03 >>> 选择"选择工具" ▶，选择分割出的第2段音频素材，按Delete键删除，如图15-54所示。

STEP 04 >>> 选择背景音乐素材，在"效果"面板中，❶展开"音频过渡"|"交叉淡化"选项；❷选择"指数淡化"选项，如图15-55所示。

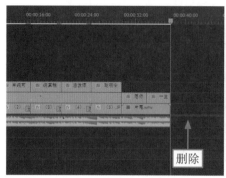

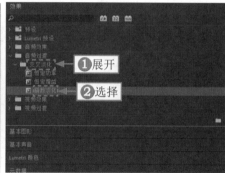

图15-54 删除第2段音频素材　　　　图15-55 选择"指数淡化"选项

STEP 05 >>> 将选择的"指数淡化"音频过渡效果添加到背景音乐素材的开始位置，制作音乐素材淡入效果，如图15-56所示。

STEP 06 >>> 将"指数淡化"音频过渡效果添加到背景音乐素材的结束位置，制作音乐素材淡出效果，如图15-57所示。

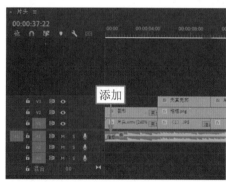

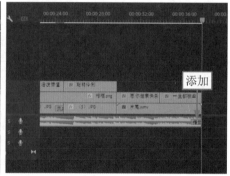

图15-56 添加"指数淡化"音频过渡效果（1）　图15-57 添加"指数淡化"音频过渡效果（2）

STEP 07 >>> 所有的效果制作完成之后，即可将最终效果视频导出，单击工具栏中的"导出"按钮，如图15-58所示。

STEP 08 >>> 进入"导出"界面，在此设置好视频的相应参数后，单击界面右下角的"导出"按钮，如图15-59所示，即可将视频导出。

图15-58 单击"导出"按钮（1）　　　图15-59 单击"导出"按钮（2）

16

SPECIAL EFFECTS

第16章 情景短剧：
制作《爱情故事》

　　情景短剧是一种通过演绎来展现故事发展的视频形式。情景短剧要重点突出故事的情节发展，要有故事性。情景短剧的适用范围很广，可制作的主题类型也很多，如爱情、亲情、友情等，而且情景短剧在很多短视频平台上都很受欢迎。

16.1 《爱情故事》效果展示

制作爱情类的情景短剧，有很多的主题可以选择，可以是青涩懵懂的校园恋情，也可以是势均力敌的职场恋爱，而且不同主题横跨的时间、最终的结果也有很大的选择空间，这主要是从剧本的内容出发的。《爱情故事》情景短剧就是以男女主角的相遇、相知、相恋为情节内容，由此创作的一个爱情故事。

在制作《爱情故事》视频之前，首先来欣赏本案例的视频效果，并了解案例的学习目标、制作思路、知识讲解和要点讲堂。

16.1.1　效果欣赏

《爱情故事》情景短剧的画面效果如图16-1所示。

图16-1　画面效果

16.1.2 学习目标

知识目标	掌握情景短剧的制作方法
技能目标	（1）掌握撰写脚本的操作方法 （2）掌握处理素材的操作方法 （3）掌握为视频添加转场的操作方法 （4）掌握为视频制作片头片尾的操作方法 （5）掌握为视频调节画面色彩的操作方法 （6）掌握为视频添加旁白文字的操作方法 （7）掌握为视频添加背景音乐的操作方法
本章重点	处理素材
本章难点	为视频制作片头片尾
视频时长	18分27秒

16.1.3 制作思路

本案例首先介绍了撰写脚本内容、处理素材，然后为视频添加转场、制作片头片尾、调节画面色彩、添加旁白文字，最后添加背景音乐。图16-2所示为本案例视频的制作思路。

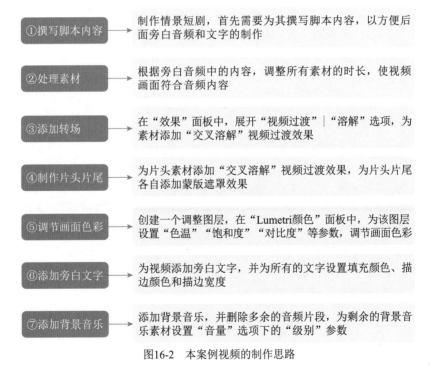

①撰写脚本内容　制作情景短剧，首先需要为其撰写脚本内容，以方便后面旁白音频和文字的制作

②处理素材　根据旁白音频中的内容，调整所有素材的时长，使视频画面符合音频内容

③添加转场　在"效果"面板中，展开"视频过渡"｜"溶解"选项，为素材添加"交叉溶解"视频过渡效果

④制作片头片尾　为片头素材添加"交叉溶解"视频过渡效果，为片头片尾各自添加蒙版遮罩效果

⑤调节画面色彩　创建一个调整图层，在"Lumetri颜色"面板中，为该图层设置"色温""饱和度""对比度"等参数，调节画面色彩

⑥添加旁白文字　为视频添加旁白文字，并为所有的文字设置填充颜色、描边颜色和描边宽度

⑦添加背景音乐　添加背景音乐，并删除多余的音频片段，为剩余的背景音乐素材设置"音量"选项下的"级别"参数

图16-2　本案例视频的制作思路

16.1.4 知识讲解

情景短剧是对某一故事进行情节上的演绎，让观看该视频的人能够了解整个故事的发展。情景短剧中的故事情节要完整，画面要美观，这样才能吸引更多的观众来观看。

16.1.5　要点讲堂

在本章内容中，会用到一个Premiere Pro 2023的功能——添加旁白文字，这一功能的主要作用有两个，具体内容如下。

❶ 解释视频内容。能够为观众解释视频中的信息，帮助观众理解故事情节。

❷ 带动观众情绪。在视频画面和声音的双重作用下，让观众更能走进故事。

为视频添加旁白文字的主要方法为：将旁白内容导入"时间轴"面板中，生成字幕轨道，根据音频内容，适当调整旁白文字出现的位置。

16.2　《爱情故事》制作流程

本节将为大家介绍制作情景短剧的操作方法，包括撰写脚本内容、处理素材、添加转场、制作片头片尾、调节画面色彩、添加旁白文字以及添加背景音乐，希望大家能够熟练掌握。

16.2.1　撰写脚本内容

制作情景短剧时需要以故事梗概为指导进行拍摄，只有这样才能获得想要的素材。创作者可以先撰写故事大纲或台词文案，再使用合适的运镜手法进行拍摄。《爱情故事》的台词文案如下。

这个朝我走来的人，是我的女朋友

过去，我常在这个公园遇见她

但也只是单纯的相遇

直到那天，我在公园拍照时落下了一本书

她捡起书，追上我，拍了拍我的肩膀问

这是你的书吗

我双手接过书，道了声谢

这是我第一次和她说话

也是我们故事的第一句话

我们慢慢变得熟络

会一起在江边散步、去公园踏青

故事的结尾，我们在一起了

新故事的篇章也开始了

16.2.2　处理素材

在制作情景短剧时，创作者可以根据录制或生成的旁白音频来调整对应素材片段的时长，以达到音画同步的效果。下面介绍在Premiere Pro 2023中处理素材的操作方法。

扫码看视频

STEP 01 ▶▶ 打开一个项目文件，将全部素材导入"项目"面板中，单击"排序图标"按钮 ▤，如图16-3所示。

STEP 02 ▶▶ 弹出列表框，选择"名称"选项，如图16-4所示，即可将"项目"面板中的素材按照名称排序。

图16-3　单击"排序图标"按钮

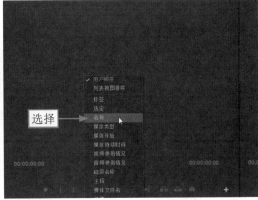

图16-4　选择"名称"选项

STEP 03 ➤➤➤ ❶将第1段视频素材拖曳至"时间轴"面板的V1轨道中；❷将旁白音频拖曳至"时间轴"面板的A2轨道中，如图16-5所示。

STEP 04 ➤➤➤ 将第2段视频素材拖曳至V1轨道中，在00:00:09:18的位置用"剃刀工具" ◢对其进行分割，选择分割出的后半段素材，如图16-6所示，按Delete键将其删除。

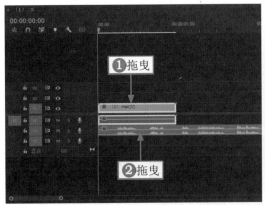

图16-5　将旁白音频拖曳至A2轨道中

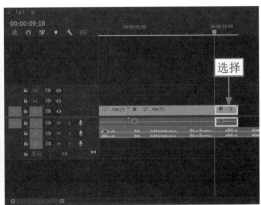

图16-6　选择分割出的后半段素材（1）

STEP 05 ➤➤➤ 将第3段视频素材拖曳至V1轨道中，如图16-7所示。

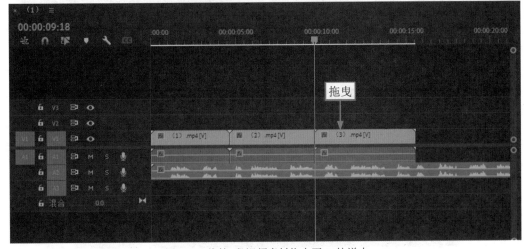

图16-7　将第3段视频素材拖曳至V1轨道中

STEP 06 >>> 选择第3段视频素材，单击鼠标右键，在弹出的快捷菜单中选择"速度/持续时间"命令，如图16-8所示。

STEP 07 >>> 弹出"剪辑速度/持续时间"对话框，❶设置"持续时间"为00:00:04:22；❷单击"确定"按钮，如图16-9所示，即可调整素材的播放速度和持续时长。

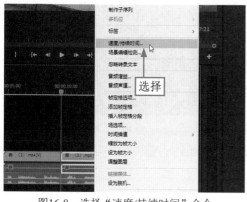

图16-8 选择"速度/持续时间"命令

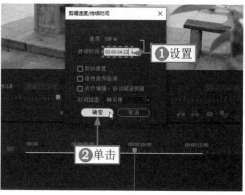

图16-9 单击"确定"按钮

STEP 08 >>> 拖曳第4、5段视频素材至"时间轴"面板的V1轨道中，在00:00:27:13的位置用"剃刀工具" 对第5段视频素材进行分割，选择分割出的后半段素材，如图16-10所示，按Delete键将其删除。

STEP 09 >>> 拖曳第6段视频素材至V1轨道中，在00:00:29:04的位置用"剃刀工具" 对其进行分割，选择分割出的后半段素材，如图16-11所示，按Delete键将其删除。

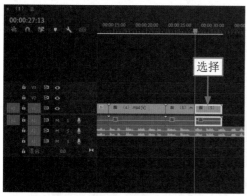

图16-10 选择分割出的后半段素材（2）　　　　图16-11 选择分割出的后半段素材（3）

STEP 10 >>> 拖曳第7段视频素材至V1轨道中，在00:00:30:27的位置用"剃刀工具" 对其进行分割，选择分割出的后半段素材，如图16-12所示，按Delete键将其删除。

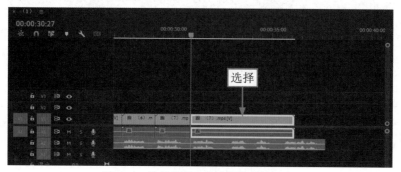

图16-12 选择分割出的后半段素材（4）

STEP 11 拖曳第8段视频素材至V1轨道中，在00:00:32:25的位置用"剃刀工具" 对其进行分割，选择分割出的后半段素材，如图16-13所示，按Delete键将其删除。

STEP 12 拖曳第9段视频素材至V1轨道中，调整其时长，使其与A2轨道中的旁白音频对齐，如图16-14所示。

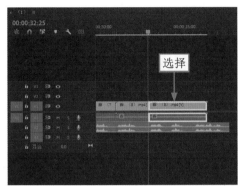

图16-13 选择分割出的后半段素材（5） 　　图16-14 调整素材的时长

16.2.3 添加转场

扫码看视频

为了让多个素材之间的切换自然、流畅，需要在素材之间添加视频过渡效果。下面介绍在Premiere Pro 2023中添加视频过渡效果的操作方法。

STEP 01 在"效果"面板中，❶展开"视频过渡"|"溶解"选项；❷选择"交叉溶解"选项，如图16-15所示。

STEP 02 长按鼠标左键将"交叉溶解"视频过渡效果拖曳至第1段和第2段视频素材之间，即可添加一个过渡效果，如图16-16所示。

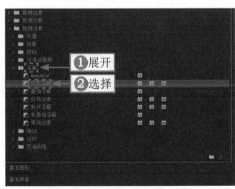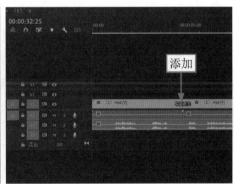

图16-15 选择"交叉溶解"选项 　　图16-16 添加过渡效果

STEP 03 用同样的方法，为剩余的素材添加"交叉溶解"视频过渡效果，如图16-17所示。

图16-17 添加"交叉溶解"视频过渡效果

16.2.4 制作片头片尾

过渡效果用在素材的起始位置，可以制作出片头效果。而且，利用"蒙版""不透明度"和"关键帧"等功能可以给图片制作出好看的朦胧遮罩效果，增加视频片头片尾的氛围感。下面介绍在Premiere Pro 2023中制作片头片尾的操作方法。

STEP 01 >>> 将"交叉溶解"视频过渡效果添加至第1段视频素材的起始位置，如图16-18所示，即可制作出画面渐显的片头效果。

STEP 02 >>> 拖曳时间滑块至00:00:00:25的位置，将氛围图片拖曳至V2轨道中，并调整其时长，如图16-19所示。

图16-18 添加"交叉溶解"视频过渡效果

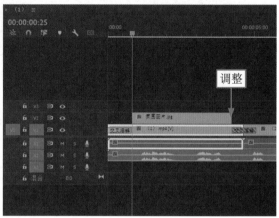

图16-19 调整素材的时长

STEP 03 >>> 选择氛围图片，在"效果控件"面板中，单击"不透明度"选项组中的"创建椭圆形蒙版"按钮，如图16-20所示，为图片添加一个蒙版。

STEP 04 >>> 在"节目监视器"面板中，适当调整蒙版的大小，如图16-21所示。

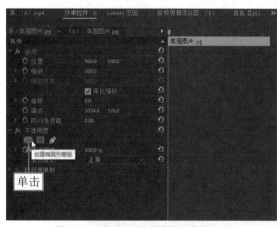

图16-20 单击"创建椭圆形蒙版"按钮

图16-21 调整蒙版的大小

STEP 05 >>> 在"蒙版"选项中，❶设置"蒙版羽化"参数为80.0，加强蒙版的羽化效果；❷选中"已反转"复选框，如图16-22所示，反转蒙版的遮罩区域。

STEP 06 >>> ❶单击"不透明度"选项左侧的"切换动画"按钮；❷设置"不透明度"参数为0.0%；❸添加一个关键帧，如图16-23所示。

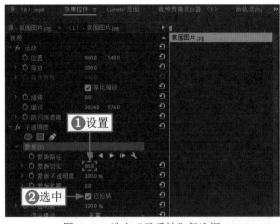

图16-22 选中"已反转"复选框

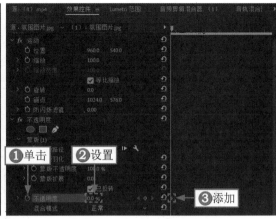

图16-23 添加一个关键帧（1）

STEP 07 >>> 拖曳时间滑块至00:00:02:25的位置，❶设置"不透明度"参数为60.0%；❷添加一个关键帧，
如图16-24所示，制作出遮罩渐显的片尾效果。

STEP 08 >>> 拖曳时间滑块至00:00:33:20的位置，选中氛围图片，长按Alt键，拖曳鼠标左键复制氛围图片至
时间轴位置处，如图16-25所示。

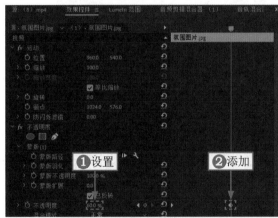

图16-24 添加一个关键帧（2）

图16-25 复制氛围图片

STEP 09 >>> 调整复制后的氛围图片时长，使其与V1轨道上的素材对齐，如图16-26所示。

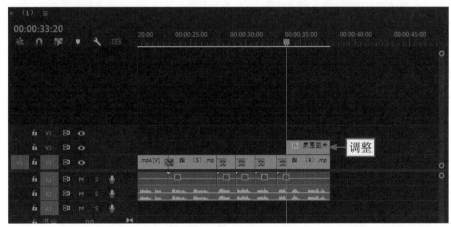

图16-26 调整素材的时长

扫码看视频

16.2.5　调节画面色彩

在Premiere Pro 2023中，通过调整图层对多个素材进行调色是一种非常便捷、高效的方法。下面介绍在Premiere Pro 2023中调节画面色彩的操作方法。

STEP 01 ≫ 在"项目"面板的空白位置单击鼠标右键，在弹出的快捷菜单中选择"新建项目"|"调整图层"命令，如图16-27所示。

STEP 02 ≫ 弹出"调整图层"对话框，保持默认设置，单击"确定"按钮，如图16-28所示，即可完成调整图层的创建。

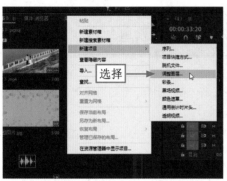
图16-27　选择"调整图层"命令

图16-28　单击"确定"按钮

STEP 03 ≫ 拖曳调整图层至"时间轴"面板的V3轨道中，将其时长调整为与视频时长一致，如图16-29所示。

STEP 04 ≫ 选择调整图层，在"Lumetri颜色"面板中，展开"基本校正"选项，如图16-30所示。

图16-29　调整调整图层的时长

图16-30　展开"基本校正"选项

STEP 05 ≫ 设置"色温"参数为–15.0，"饱和度"参数为145.0，"对比度"参数为15.0，"高光"参数为10.0，"阴影"参数为20.0，如图16-31所示，使画面偏蓝色，增加画面的明暗对比度，让画面的色彩更浓郁。

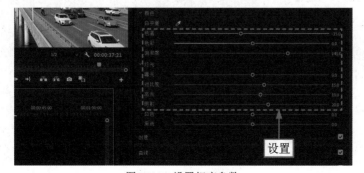
图16-31　设置相应参数

16.2.6 添加旁白文字

虽然旁白已经以音频的形式出现在视频中，但为了给观众带来更好的观看体验，还可以在适当的位置添加旁白文字，帮助观众理解短剧的内容。下面介绍在Premiere Pro 2023中添加旁白文字的操作方法。

STEP 01 ▷▷▷ 拖曳时间滑块至00:00:01:02的位置，将字幕文件拖曳至"时间轴"面板中，如图16-32所示。

STEP 02 ▷▷▷ 释放鼠标左键，弹出"新字幕轨道"对话框，在"起始点"选项组中，①选中"播放指示器位置"单选按钮；②单击"确定"按钮，如图16-33所示，即可生成字幕轨道，批量添加旁白文字。

图16-32　将字幕文件拖曳至"时间轴"面板中　　　图16-33　单击"确定"按钮

STEP 03 ▷▷▷ 根据旁白音频的内容，适当调整最后三段文字的位置，如图16-34所示。

STEP 04 ▷▷▷ 全选所有文字，在"基本图形"面板中，①切换至"编辑"选项卡；②设置文字的"字体"为"楷体"；③设置"字体大小"参数为90，如图16-35所示。

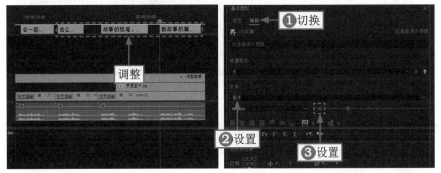

图16-34　调整文字位置　　　　　　　图16-35　设置"字体大小"参数

STEP 05 ▷▷▷ 单击"填充"颜色色块，在弹出的"拾色器"对话框中，①设置RGB参数为（96,44,86）；②单击"确定"按钮，如图16-36所示，修改文字的填充颜色。

图16-36　单击"确定"按钮

STEP 06 >>> ❶选中"描边"复选框；❷单击"描边"颜色色块，如图16-37所示。

STEP 07 >>> 在"拾色器"对话框中，❶设置RGB参数为（230,230,230）；❷单击"确定"按钮，如图16-38所示，为文字添加描边。

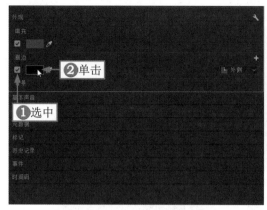 

图16-37 单击"描边"颜色色块   图16-38 单击"确定"按钮

STEP 08 >>> 设置"描边宽度"参数为25.0，如图16-39所示，让描边效果更明显。

图16-39 设置"描边宽度"参数

16.2.7 添加背景音乐

在情景短剧中，虽然已经有了旁白音频，但创作者最好为其添加一个合适的背景音乐，并调整其音量，丰富视频的听感。下面介绍在Premiere Pro 2023中添加背景音乐的具体操作方法。

扫码看视频

STEP 01 >>> 拖曳背景音乐素材至"时间轴"面板的A3轨道中，如图16-40所示。

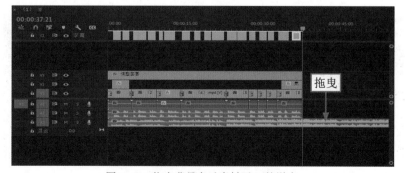

图16-40 拖曳背景音乐素材至A3轨道中

STEP 02 >>> 拖曳时间滑块至00:00:37:21的位置，用"剃刀工具" ◀对其进行分割，如图16-41所示。

STEP 03 >>> 选择"选择工具" ▶，选择分割出的后半段素材，如图16-42所示，按Delete键将其删除。

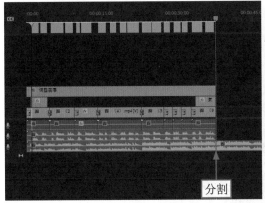

图16-41 分割背景音乐素材

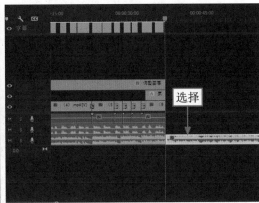

图16-42 选择分割出的后半段素材

STEP 04 >>> 选择背景音乐素材，在"效果控件"面板的"音量"选项组中，设置"级别"参数为 –30.0 dB，如图16-43所示，即可将背景音乐的音量降低。

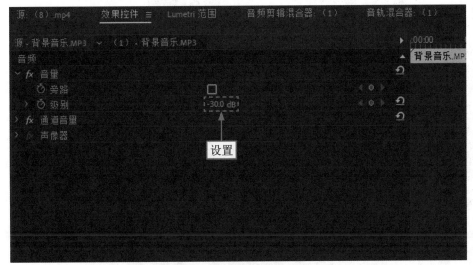

图16-43 设置"级别"参数

17

SPECIAL EFFECTS

第17章 宣传视频：
制作《拾忆摄影》

宣传视频的一般形式是对某个具体的对象进行讲述、介绍，从而起到推广、宣传的作用。这里主要是为摄影馆进行宣传，而最能宣传摄影馆的内容的则是摄影馆中拍摄的照片或者视频，所以《拾忆摄影》这一宣传视频的所有素材，都是该摄影馆拍摄的。

17.1 《拾忆摄影》效果展示

制作摄影馆宣传视频，要格外注意素材的选取，首先要选取由该摄影馆拍摄的照片或者视频，其次要选择画面精美度较高的素材。除了这两点外，最好选择画面区别较大的素材（不同的运镜拍摄），这样才能更大程度地展示摄影馆拍摄的内容题材很广，吸引到更多的观众前来摄影。

在制作《拾忆摄影》视频之前，首先来欣赏本案例的视频效果，并了解案例的学习目标、制作思路、知识讲解和要点讲堂。

17.1.1 效果欣赏

《拾忆摄影》宣传视频的画面效果如图17-1所示。

图17-1 画面效果

17.1.2　学习目标

知识目标	掌握宣传视频的制作方法
技能目标	（1）掌握在Premiere Pro 2023软件中导入素材的操作方法 （2）掌握处理素材的操作方法 （3）掌握为视频添加转场的操作方法 （4）掌握为视频添加文字的操作方法 （5）掌握为视频制作片头片尾的操作方法 （6）掌握为视频调节画面色彩的操作方法 （7）掌握为视频添加背景音乐的操作方法
本章重点	为视频添加文字
本章难点	为视频制作片头片尾
视频时长	29分47秒

17.1.3　制作思路

本案例首先介绍在Premiere Pro 2023软件中导入素材，然后处理素材、添加转场、添加文字、制作片头片尾以及调节画面色彩，最后添加背景音乐。图17-2所示为本案例视频的制作思路。

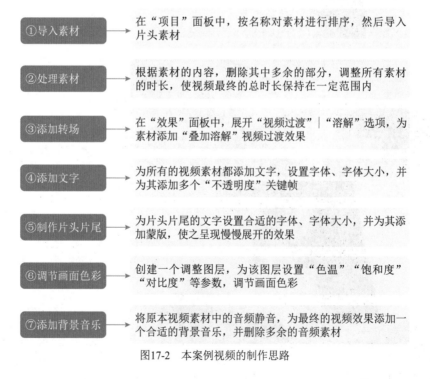

①导入素材　→　在"项目"面板中，按名称对素材进行排序，然后导入片头素材

②处理素材　→　根据素材的内容，删除其中多余的部分，调整所有素材的时长，使视频最终的总时长保持在一定范围内

③添加转场　→　在"效果"面板中，展开"视频过渡"｜"溶解"选项，为素材添加"叠加溶解"视频过渡效果

④添加文字　→　为所有的视频素材都添加文字，设置字体、字体大小，并为其添加多个"不透明度"关键帧

⑤制作片头片尾　→　为片头片尾的文字设置合适的字体、字体大小，并为其添加蒙版，使之呈现慢慢展开的效果

⑥调节画面色彩　→　创建一个调整图层，为该图层设置"色温""饱和度""对比度"等参数，调节画面色彩

⑦添加背景音乐　→　将原本视频素材中的音频静音，为最终的视频效果添加一个合适的背景音乐，并删除多余的音频素材

图17-2　本案例视频的制作思路

17.1.4　知识讲解

宣传视频的一般形式是对某一品牌的功能、作用、相关事项等内容进行介绍、讲解，让观看该视频的人更了解该品牌，从而起到宣传、推广的作用。宣传视频的适用范围很广，在大型活动、招聘会、官

网等都可以播放宣传视频，能够在一定程度上提高品牌的知名度，吸引更多的观众。

17.1.5 要点讲堂

在本章内容中，会用到一个Premiere Pro 2023的功能——处理素材，这一功能的主要作用有两个，具体内容如下。

❶ 控制视频时长。删掉素材中不需要的片段，调整素材的时长，从而控制最终视频的时长。

❷ 提高视频质量。留下素材中最合适、最精美的画面，让最终视频效果的质量更高。

为视频处理素材的主要方法为：根据每段素材的内容，来进行调整与处理，如分割一段素材中一些精美度不够的视频画面，将其删除，或者调整素材的播放速度，使其呈现出变速的效果。

17.2 《拾忆摄影》制作流程

本节将为大家介绍制作宣传视频的操作方法，包括导入素材、处理素材、添加转场、添加文字、制作片头片尾、调节画面色彩以及添加背景音乐，希望大家能够熟练掌握。

17.2.1 导入素材

扫码看视频

创建好项目文件后，需要先将所有素材导入项目中，才能进行后续的剪辑操作。下面介绍在Premiere Pro 2023中导入素材的操作方法。

STEP 01 ≫ 打开一个项目文件，在"项目"面板中导入所有的素材，单击"排序图标"按钮▤，如图17-3所示。

STEP 02 ≫ 弹出列表框，选择"名称"选项，如图17-4所示。

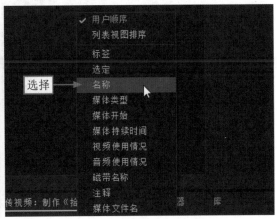

图17-3 单击"排序图标"按钮　　　　　图17-4 选择"名称"选项

STEP 03 ≫ 执行操作后，即可将"项目"面板中的素材按照名称排序，效果如图17-5所示。

STEP 04 ≫ 选择片头素材，长按鼠标左键，将其拖曳至"时间轴"面板的V1轨道中，如图17-6所示。

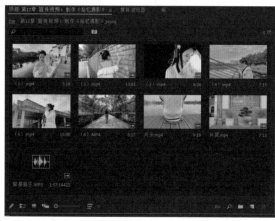

图17-5　按素材名称排序的"项目"面板

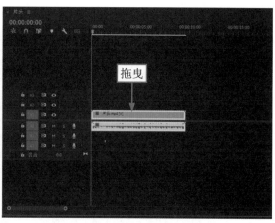

图17-6　拖曳片头素材至V1轨道中

17.2.2　处理素材

扫码看视频

在Premiere Pro 2023中，可以通过设置视频的播放速度来缩短或增加视频的时长。在设置播放速度时，可以选择对整段素材进行设置，也可以先将素材进行分割，再对其中的一段进行设置。下面介绍在Premiere Pro 2023中处理素材的操作方法。

STEP 01 ❶拖曳时间滑块至00:00:05:10的位置；❷在工具箱中选择"剃刀工具" ，如图17-7所示。

STEP 02 在时间轴位置上单击鼠标左键，即可分割片头素材，如图17-8所示。

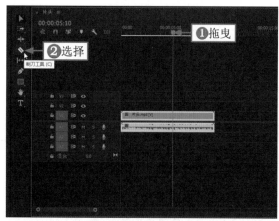

图17-7　选择"剃刀工具"

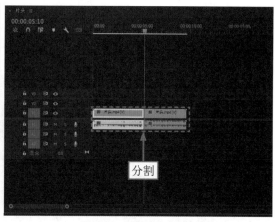

图17-8　分割片头素材

STEP 03 选择"选择工具" ，在分割出的前半段素材上单击鼠标右键，在弹出的快捷菜单中选择"速度/持续时间"命令，如图17-9所示。

STEP 04 弹出"剪辑速度/持续时间"对话框，❶设置"速度"参数为300%；❷单击"确定"按钮，如图17-10所示。

STEP 05 执行操作后，即可调整前半段素材的播放速度和时长，调整分割出的后半段素材的位置，如图17-11所示。

STEP 06 将第1段视频素材添加到V1轨道中。选择第1段视频素材，单击鼠标右键，在弹出的快捷菜单中选择"速度/持续时间"命令，在弹出的"剪辑速度/持续时间"对话框中，❶设置"持续时间"为00:00:02:17；❷单击"确定"按钮，如图17-12所示，即可缩短第1段视频素材的时长。

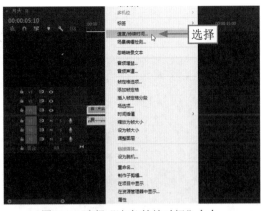

图17-9 选择"速度/持续时间"命令

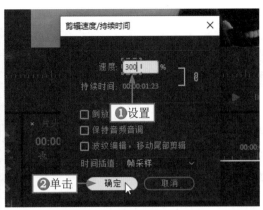

图17-10 单击"确定"按钮

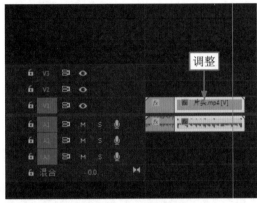

图17-11 调整素材的位置

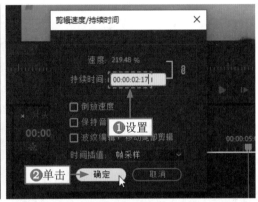

图17-12 单击"确定"按钮

STEP 07 ▶▶ 用同样的方法，将第2段和第3段视频素材分别添加到V1轨道中，并设置第2段视频素材的"持续时间"为00:00:02:27，第3段视频素材的"持续时间"为00:00:02:10，如图17-13所示。

STEP 08 ▶▶ 将第4段视频素材添加到V1轨道中，❶拖曳时间轴至00:00:18:19的位置；❷选择"剃刀工具" ◣，如图17-14所示，在时间轴的位置对第4段视频素材进行分割。

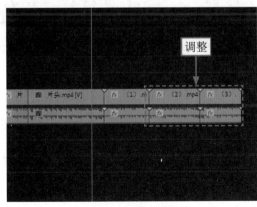

图17-13 调整素材时长

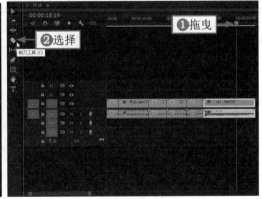

图17-14 选择"剃刀工具"

STEP 09 ▶▶ 选择"选择工具" ◣，选择分割出的后半段素材，选择"编辑"|"清除"命令，如图17-15所示，将其删除。

STEP 10 ▶▶ 在"剪辑速度/持续时间"对话框中，❶设置第4段素材的"持续时间"为00:00:01:23；❷单击

"确定"按钮,如图17-16所示。

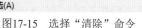

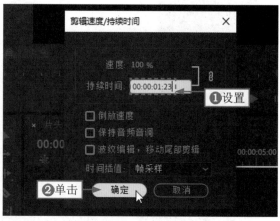

图17-15　选择"清除"命令 　　　　　　　　　图17-16　单击"确定"按钮

STEP 11 >>> 将第5段视频素材添加到V1轨道中,在00:00:20:17的位置对其进行分割,并删除分割出的后半段素材。设置第5段视频素材的"持续时间"为00:00:02:28,如图17-17所示,单击"确定"按钮,调整第5段视频素材的时长。

STEP 12 >>> 将第6段视频素材添加到V1轨道中,设置第6段视频素材的"持续时间"为00:00:02:25,如图17-18所示,单击"确定"按钮,调整第6段视频素材的时长。最后将片尾素材添加到V1轨道中即可。

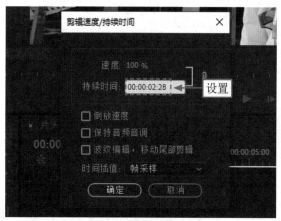

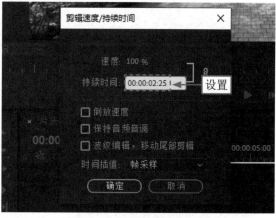

图17-17　设置持续时间(1)　　　　　　　　　图17-18　设置持续时间(2)

17.2.3　添加转场

　　添加转场是让不同素材之间流畅切换的好方法,也是增加视频趣味性的好帮手。一般超过两个素材时,应该添加转场效果,这样能让视频过渡得更自然。下面介绍在Premiere Pro 2023中添加转场的操作方法。

扫码看视频

STEP 01 >>> 在"效果"面板中,❶展开"视频过渡"|"溶解"选项;❷选择"叠加溶解"选项,如图17-19所示。

STEP 02 >>> 长按鼠标左键,将"叠加溶解"过渡效果拖曳至第2段片头素材和第1段视频素材之间,释放鼠标左键,即可添加该视频过渡效果,如图17-20所示。

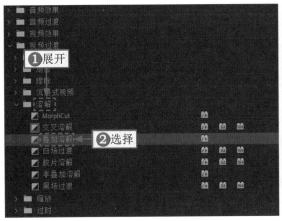

图17-19　选择"叠加溶解"选项

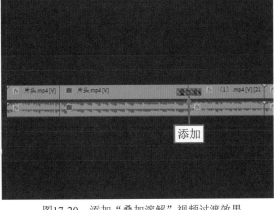

图17-20　添加"叠加溶解"视频过渡效果

专家指点　　在Premiere Pro 2023中，创作者在不同素材之间添加视频过渡效果时，即便是添加同一个效果，软件也会根据素材的情况自动对过渡效果的对齐方式进行调整，所以会出现细微差别。

STEP 03 ▶▶ 用同样的操作方法，为剩余的素材添加"叠加溶解"视频过渡效果，如图17-21所示。

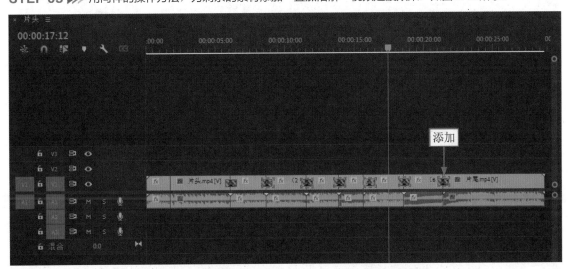

图17-21　为剩余的素材添加"叠加溶解"视频过渡效果

17.2.4　添加文字

扫码看视频

如果创作者想增加宣传视频的说服力，则可以在视频中添加适当的文字，让观众能够更直接地了解视频的主旨。下面介绍在Premiere Pro 2023中添加文字的操作方法。

STEP 01 ▶▶ 拖曳时间滑块至第1个过渡效果的结束位置，选择"文字工具" T ，在画面的合适位置创建一个文本框，输入相应内容，如图17-22所示。

STEP 02 ▶▶ 全选文本内容，在"效果控件"面板的"文本"选项组中，❶设置文字的"字体"为"楷体"；❷设置"字体大小"参数为95；❸单击"居中对齐文本"按钮 ▤ ，让文字在文本框内居中对齐；❹单击"仿粗体"按钮 T ，如图17-23所示，为文字添加加粗效果。

图17-22　输入相应内容

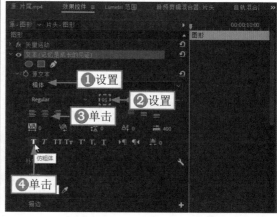

图17-23　单击"仿粗体"按钮

STEP 03 >> 在"外观"选项组中，❶选中"描边"复选框；❷单击颜色色块，如图17-24所示。

STEP 04 >> 在弹出的"拾色器"对话框中，设置RGB参数为（162,85,169），如图17-25所示，单击"确定"按钮，即可为文字添加描边效果。

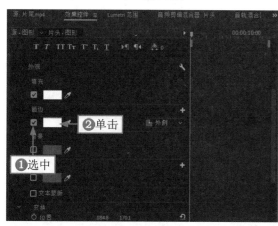

图17-24　单击颜色色块

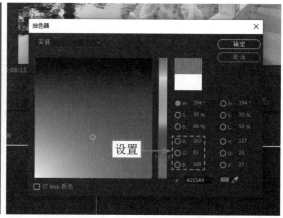

图17-25　设置RGB参数

STEP 05 >> 设置"描边宽度"参数为9.0，让描边效果更明显，如图17-26所示，设置"位置"参数为（474.9,136.1）。

STEP 06 >> 调整文本的持续时长，使其结束位置与第2个过渡效果的起始位置对齐，如图17-27所示。

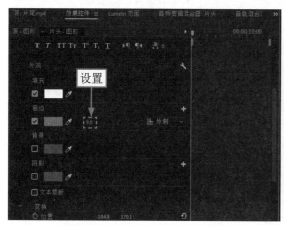

图17-26　设置"描边宽度"参数

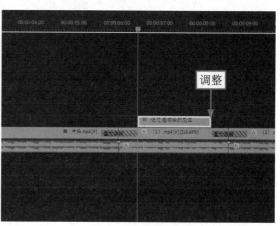

图17-27　调整文本的时长

STEP 07 ▶▶▶ ❶单击"不透明度"选项左侧的"切换动画"按钮◙；❷设置"不透明度"参数为0.0%，如图17-28所示，添加第1个关键帧。

STEP 08 ▶▶ 拖曳时间滑块至00:00:07:05的位置，❶设置文本的"不透明度"参数为100.0%；❷添加第2个关键帧，如图17-29所示，即可制作文字淡入效果。

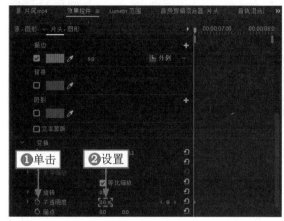

图17-28　单击"切换动画"按钮

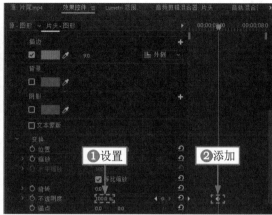

图17-29　添加第2个关键帧

STEP 09 ▶▶▶ 在V1轨道的起始位置单击"切换轨道锁定"按钮◙，如图17-30所示，将V1轨道锁定。

STEP 10 ▶▶▶ 拖曳时间滑块至第2个过渡效果的结束位置，选择文本，按Ctrl+C组合键将其复制，按Ctrl+V组合键即可在时间轴的右侧空白位置粘贴复制的文本，调整复制文本的时长，如图17-31所示。

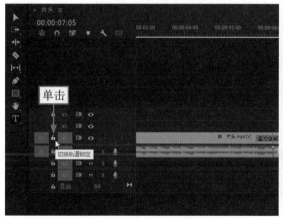

图17-30　单击"切换轨道锁定"按钮

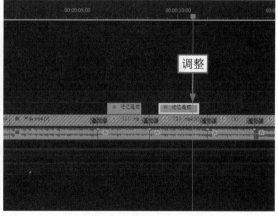

图17-31　调整复制文本的时长

专家指点

在Premiere Pro 2023中，单击某条轨道起始位置的"切换轨道锁定"按钮◙，可以将该轨道锁定，锁定后无法再对其进行任何操作。这里将V1轨道锁定是为了保证后续复制粘贴文本时，粘贴的文本不会添加到V1轨道中。

STEP 11 ▶▶▶ 修改复制文本的内容，如图17-32所示，适当调整文字在画面中的位置。

STEP 12 ▶▶▶ 用同样的方法，分别在适当位置添加相应文本，调整文本的时长，并修改文本的内容，如图17-33所示，即可完成文字的添加。

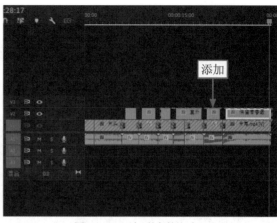

图17-32　修改文本内容　　　　　图17-33　添加剩余的文本

17.2.5　制作片头片尾

在Premiere Pro 2023中，通过添加文字和设置关键帧动画，就可以制作出简单的片头片尾效果。下面介绍在Premiere Pro 2023中制作片头片尾的操作方法。

STEP 01 ▶▶ 拖曳时间滑块至第2段片头素材的起始位置，选择"文字工具" **T**，在画面的合适位置创建一个文本框，输入相应内容，如图17-34所示。

STEP 02 ▶▶ 调整文本的时长，使其结束位置与第1个过渡效果的起始位置对齐，如图17-35所示。

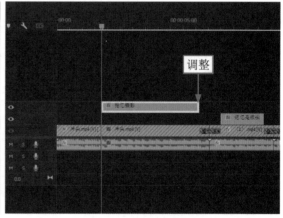

图17-34　输入相应内容　　　　　图17-35　调整文本的时长

STEP 03 ▶▶ 全选文本内容，在"效果控件"面板的"文本"选项组中，❶设置"字体"为"隶书"；❷设置"字体大小"参数为240；❸设置"字距调整"参数为200，如图17-36所示，让文字看起来更符合画面。

STEP 04 ▶▶ 单击"描边"颜色色块，弹出"拾色器"对话框，设置RGB参数为（21,89,19），如图17-37所示，单击"确定"按钮，即可修改文字描边的颜色。

STEP 05 ▶▶ ❶设置"描边宽度"参数为20.0，让文字描边的效果更明显；❷设置"位置"参数为（391.4,392.6），如图17-38所示，调整文字在画面中的位置。

STEP 06 ▶▶ 在文本的起始位置单击"创建椭圆形蒙版"按钮◉，如图17-39所示，为文本添加一个蒙版。

STEP 07 ▶▶ 调整蒙版的位置和大小，让文字完全显示出来，如图17-40所示。

STEP 08 ▶▶ 在"蒙版"选项组中，❶单击"蒙版扩展"选项左侧的"切换动画"按钮◉；❷设置"蒙版扩展"参数为–230.0，使文字消失不见；❸添加第1个关键帧，如图17-41所示。

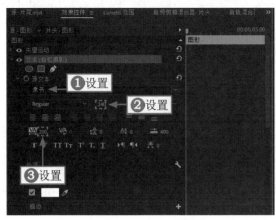

图17-36 设置"字距调整"参数

图17-37 设置RGB参数

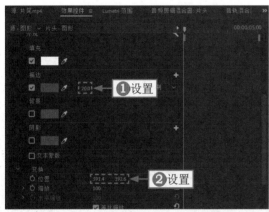

图17-38 设置"位置"参数

图17-39 单击"创建椭圆形蒙版"按钮

图17-40 调整蒙版的位置和大小

图17-41 添加第1个关键帧

STEP 09 拖曳时间滑块至00:00:03:09的位置，❶设置"蒙版扩展"参数为0.0；❷添加第2个关键帧，如图17-42所示，即可制作出片头文字慢慢展开的效果。

STEP 10 拖曳时间滑块至最后一段文本的起始位置，单击V2轨道起始位置的"切换轨道锁定"按钮，如图17-43所示，将V2轨道锁定。

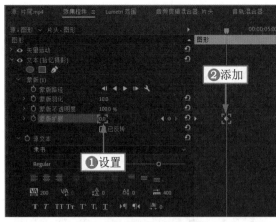

图17-42 添加第2个关键帧

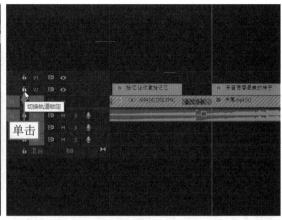

图17-43 单击"切换轨道锁定"按钮

STEP 11 >>> 在画面的合适位置创建一个文本框，输入相应内容，如图17-44所示。

STEP 12 >>> 全选文本内容，在"效果控件"面板的"文本"选项组中，❶设置文字的"字体"为"楷体"；❷设置"字体大小"参数为300，如图17-45所示。

图17-44 输入相应内容

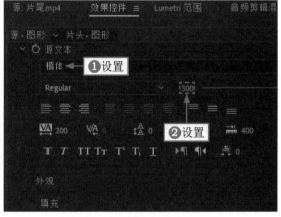

图17-45 设置"字体大小"参数

STEP 13 >>> ❶设置"字距调整"参数为400；❷单击"描边"颜色色块，如图17-46所示。

STEP 14 >>> 在弹出的"拾色器"对话框中，❶设置RGB参数为（100,68,111）；❷单击"确定"按钮，如图17-47所示，即可修改文字的描边颜色。设置"描边宽度"参数为18.0，设置"位置"参数为（179.5,639.8），调整文本的位置。

STEP 15 >>> 选择"选择工具"▶，在文本的起始位置单击"创建4点多边形蒙版"按钮■，如图17-48所示，为文本添加一个蒙版。

STEP 16 >>> 在"节目监视器"面板中，调整蒙版的大小和位置，使文字被蒙版遮挡，不显示出来，如图17-49所示。

STEP 17 >>> 拖曳时间滑块至00:00:23:05的位置，在"蒙版"选项组中，❶单击"蒙版路径"选项左侧的"切换动画"按钮■；❷添加一个关键帧，如图17-50所示。

STEP 18 >>> 调整文本的持续时长，使其结束位置与片尾素材的结束位置对齐，如图17-51所示。

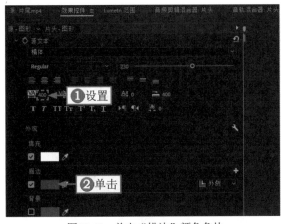

图17-46 单击"描边"颜色色块

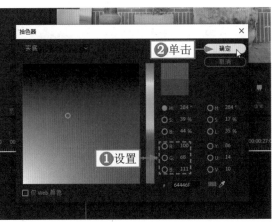

图17-47 单击"确定"按钮

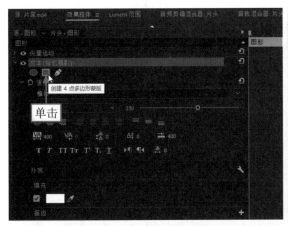

图17-48 单击"创建4点多边形蒙版"按钮

图17-49 调整蒙版的大小和位置

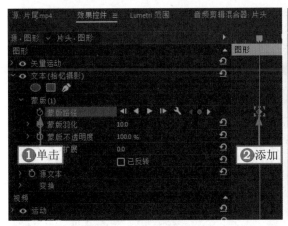

图17-50 添加一个关键帧

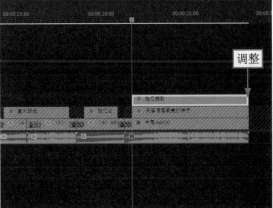

图17-51 调整文本的持续时长

STEP 19 ▶▶▶ 拖曳时间滑块至00:00:24:21的位置，在"节目监视器"面板中调整蒙版的大小，使第1个文字显示出来，如图17-52所示。

STEP 20 ▶▶▶ 用同样的操作方法，分别在00:00:25:24、00:00:26:28和00:00:28:01位置调整蒙版的大小，使剩余的3个文字依次显示出来，如图17-53所示，即可制作出文字随着人物的走动逐字显示的片尾效果。

图17-52　调整蒙版的大小（1）　　　　图17-53　调整蒙版的大小（2）

专家指点　这里添加的4点多边形蒙版主要起到一个遮罩作用，是为了让文字在人物没有经过之前不会显示出来，替换成椭圆形蒙版也是一样的作用，创作者根据自己的喜好选择即可。

17.2.6　调节画面色彩

扫码看视频

在Premiere Pro 2023中，如果创作者想对多段素材进行调色，可以创建一个调整图层，通过对调整图层进行调色从而完成多段素材的调色处理。下面介绍在Premiere Pro 2023中调节画面色彩的操作方法。

STEP 01 ≫≫ 在"项目"面板的空白位置单击鼠标右键，在弹出的快捷菜单中选择"新建项目"|"调整图层"命令，如图17-54所示。

STEP 02 ≫≫ 弹出"调整图层"对话框，保持默认设置，单击"确定"按钮，如图17-55所示，即可完成调整图层的创建。

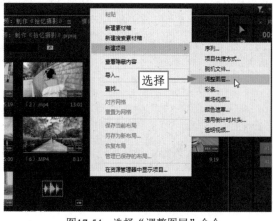

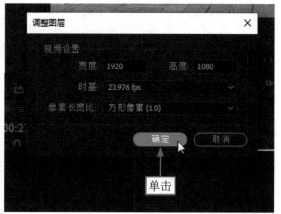

图17-54　选择"调整图层"命令　　　　图17-55　单击"确定"按钮

STEP 03 ≫≫ 拖曳调整图层至"时间轴"面板的V4轨道中，如图17-56所示。

STEP 04 ≫≫ 调整调整图层的时长与视频时长一致，如图17-57所示。

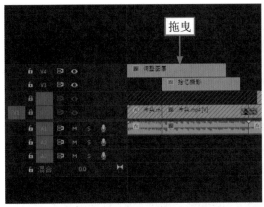

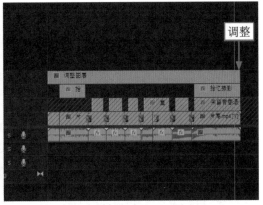

图17-56　将调整图层拖曳至V4轨道中	图17-57　调整调整图层的时长

专家指点

　　将调整图层拖曳至V4轨道后，它就能影响下面轨道中的素材画面。也就是说，如果对调整图层进行调色，那么调色效果也会作用于下方轨道的素材上。

　　运用调整图层可以快速完成多个素材的调色处理，对于创作者来说非常省时省力。但是，使用这种方法只能对素材进行画面色彩的初步调整，想进行更精细、更具有针对性的调色处理，还需要创作者根据素材的情况进行单独调整。

STEP 05 ▶▶▶ 选择调整图层，展开"Lumetri颜色"面板，在"基本校正"选项组中，设置"色温"参数为–20.0，"饱和度"参数为150.0，"对比度"参数为15.0，"高光"参数为5.0，"黑色"参数为–10.0，如图17-58所示，让画面偏冷色调，提高画面的明暗对比度和高光部分的亮度，使画面色彩更浓郁。

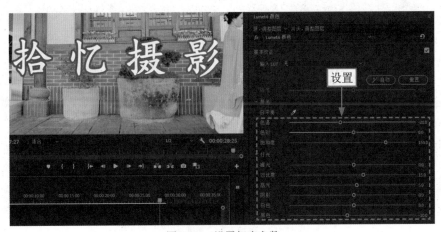

图17-58　设置相应参数

专家指点

　　在"基本校正"选项组中设置参数的时候，创作者可以通过拖曳滑块的方式来设置相应的参数；也可以单击右侧的数字，使其变成可编辑状态，输入具体的数值；还可以单击"自动"按钮，系统会根据素材的情况自动设置"色调"部分的参数，创作者在此基础上再进行调整即可。

扫码看视频

17.2.7　添加背景音乐

创作者完成视频素材的处理后，可以为视频添加合适的背景音乐，然后再将视频效果导出。下面介绍在Premiere Pro 2023中添加背景音乐的操作方法。

STEP 01 >>> 在A1轨道的起始位置单击"静音轨道"按钮 M，如图17-59所示，将A1轨道中的音频静音。

STEP 02 >>> 拖曳背景音乐素材至A2轨道中，如图17-60所示。

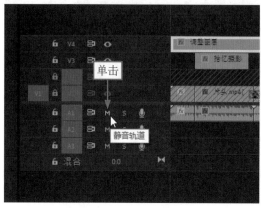

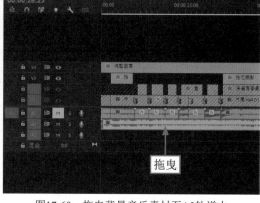

图17-59　单击"静音轨道"按钮　　　　　　图17-60　拖曳背景音乐素材至A2轨道中

STEP 03 >>> 在视频的结束位置分割背景音乐素材，选择分割出的后半段音频，如图17-61所示，按Delete键将其删除。

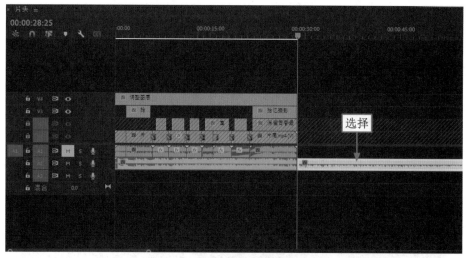

图17-61　选择分割出的后半段音频

18

SPECIAL EFFECTS

第18章 | 抖音视频：
制作《灯光卡点》

　　在抖音短视频平台中，卡点视频很热门，受到很多观众的喜爱。抖音中的大部分卡点视频都是基于音乐鼓点的节奏来进行画面的切换，而《灯光卡点》这一视频中，却是以灯光切换为主要节奏点，明暗对比中产生强烈的视觉冲击感。

18.1 《灯光卡点》效果展示

制作卡点类的抖音视频，要注意素材的选取，以《灯光卡点》视频为例，即两段视频素材要能体现出灯光的明暗对比，音频素材要有较强的节奏感，这样制作出来的视频才会兼具画面与音频，丰富视听感受。

在制作《灯光卡点》视频之前，首先来欣赏本案例的视频效果，并了解案例的学习目标、制作思路、知识讲解和要点讲堂。

18.1.1 效果欣赏

《灯光卡点》抖音视频的画面效果如图18-1所示。

图18-1　画面效果

18.1.2 学习目标

知识目标	掌握抖音视频的制作方法
技能目标	（1）掌握为视频添加卡点效果的操作方法 （2）掌握为视频制作遮罩效果的操作方法 （3）掌握为视频添加聚光灯效果的操作方法 （4）掌握为视频制作片尾效果的操作方法
本章重点	为视频添加卡点效果
本章难点	为视频制作遮罩效果
视频时长	31分21秒

18.1.3 制作思路

本案例首先介绍为视频添加卡点效果，然后为视频制作遮罩效果、添加聚光灯效果，最后为视频制作片尾效果。图18-2所示为本案例视频的制作思路。

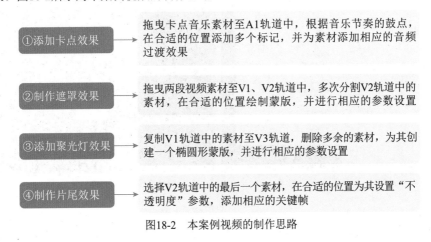

图18-2 本案例视频的制作思路

18.1.4 知识讲解

这里的抖音视频主要是指抖音平台中发布的视频。在《灯光卡点》抖音视频中，主要以灯光的变化为画面内容，搭配节奏较强的卡点音乐，让观众在观看视频的同时也能自己动手制作。

18.1.5 要点讲堂

在本章内容中，会用到一个Premiere Pro 2023的功能——添加聚光灯效果，这一功能的主要作用是通过灯光明暗的对比，可以营造出灯光运动的效果，配合卡点的背景音乐，让视频画面更具动感。在视频开头的位置，为其添加聚光灯效果，能为后面的灯光变化做铺垫。

为视频添加聚光灯效果的主要方法为：在视频的合适位置创建一个蒙版，调整蒙版的位置和大小，并设置"蒙版路径"和"蒙版扩展"等参数，然后为其添加相应的关键帧，从而形成聚光灯的动画效果。

18.2 《灯光卡点》制作流程

本节将为大家介绍制作抖音视频的操作方法，包括添加卡点效果、制作遮罩效果、添加聚光灯效果以及制作片尾效果，希望大家能够熟练掌握。

18.2.1 添加卡点效果

卡点视频的灵魂就在于添加卡点音频文件。下面介绍在Premiere Pro 2023中添加卡点效果的操作方法。

扫码看视频

STEP 01 >>> 新建一个项目文件，选择"文件"|"新建"|"序列"命令，如图18-3所示。

STEP 02 >>> 修改序列名称，单击"确定"按钮，即可新建一个序列。将选择的素材全部导入"项目"面板中，如图18-4所示。

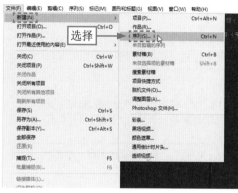

图18-3　选择"序列"命令

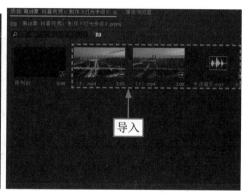

图18-4　将素材导入"项目"面板中

专家指点

在Premiere Pro 2023中，除了可以导入视频制作夜景卡点视频外，还可以导入夜景照片，用户根据自己的爱好选择相应的素材即可。

STEP 03 >>> 在"项目"面板中选择卡点音乐素材，按住鼠标左键，将其拖曳至A1轨道中，如图18-5所示。

STEP 04 >>> 根据音乐节奏，拖曳时间滑块至00:00:01:06的位置，在"节目监视器"面板中，单击"添加标记"按钮█，如图18-6所示，添加第1个标记。

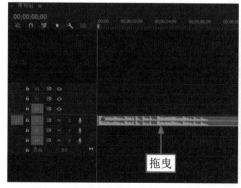

图18-5　拖曳卡点音乐素材至A1轨道中

图18-6　单击"添加标记"按钮

STEP 05 ⟫⟫ 依次拖曳时间滑块至00:00:01:18、00:00:02:21、00:00:03:04、00:00:03:16、00:00:04:14、00:00:05:01、00:00:06:03位置，单击"添加标记"按钮◨，为音频素材添加多处标记，如图18-7所示。

STEP 06 ⟫⟫ 在"效果"面板中，展开"音频过渡"|"交叉淡化"选项，选择"恒定功率"选项，如图18-8所示。

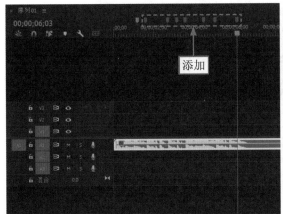 

图18-7 为音频素材添加多处标记　　　　　　　图18-8 选择"恒定功率"选项

STEP 07 ⟫⟫ 按住鼠标左键，将其拖曳至音乐素材的起始点与结束点，添加音频过渡效果，如图18-9所示。

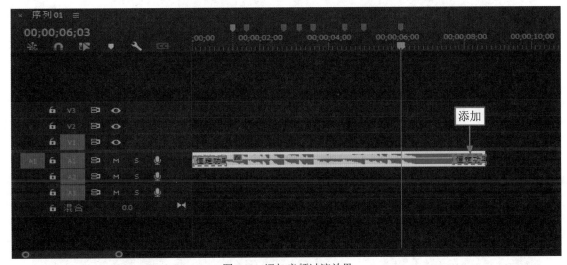

图18-9 添加音频过渡效果

18.2.2 制作遮罩效果

在《灯光卡点》视频中，最重要的就是给视频制作遮罩效果，添加了遮罩后的视频可以达到忽闪忽亮的效果。下面介绍在Premiere Pro 2023中制作遮罩效果的具体操作方法。

扫码看视频

STEP 01 ⟫⟫ 拖曳时间滑块至开始位置，在"项目"面板中，双击第1段视频素材，在"源监视器"面板中，移动鼠标到"仅拖动视频"按钮◨上，长按鼠标左键，将视频素材拖曳至"时间轴"面板的V1轨道中，如图18-10所示。

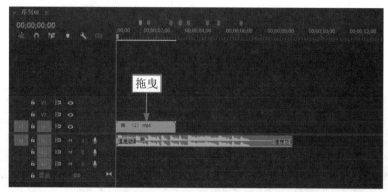

图18-10　拖曳第1段素材至V1轨道中

STEP 02 >>> 用同样的方法，拖曳第2段视频素材至"时间轴"面板的V2轨道中，如图18-11所示。

STEP 03 >>> 选择V1轨道中的素材，单击鼠标右键，在弹出的快捷菜单中选择"速度/持续时间"命令，如图18-12所示。

图18-11　拖曳第2段素材至V2轨道中

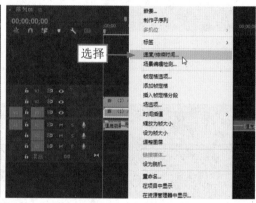

图18-12　选择"速度/持续时间"命令

STEP 04 >>> 弹出"剪辑速度/持续时间"对话框，❶设置"持续时间"为00:00:06:14；❷单击"确定"按钮，如图18-13所示，即可完成视频时间的设置。

STEP 05 >>> 用同样的操作方法，设置V2轨道中素材的"持续时间"为00:00:06:14，如图18-14所示。

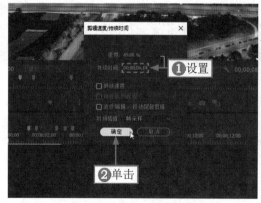

图18-13　单击"确定"按钮

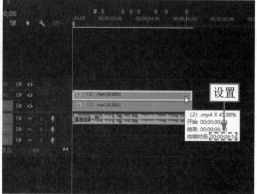

图18-14　设置V2轨道中素材的持续时间

STEP 06 >>> 选择"剃刀工具"，在"时间轴"面板中，选择第1个标记，然后拖曳时间滑块至标记位置，移动鼠标至V2轨道上，单击鼠标左键，即可分割时间线位置处V2轨道中的素材，如图18-15所示。

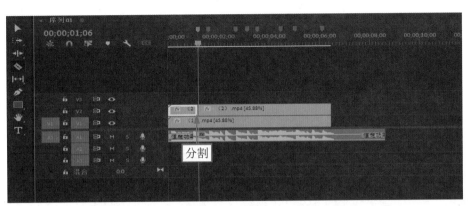

图18-15 分割素材

STEP 07 >>> 用同样的操作方法，在剩余的标记位置分割V2轨道中的素材，如图18-16所示。

STEP 08 >>> 选择"选择工具" ▶，拖曳时间滑块至开始位置，选中分割后的第1个素材。在"效果控件"面板中，❶单击"自由绘制贝塞尔曲线"按钮 ；❷创建"蒙版（1）"效果，如图18-17所示。

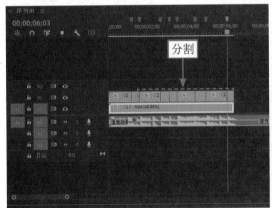

图18-16 分割V2轨道中的素材

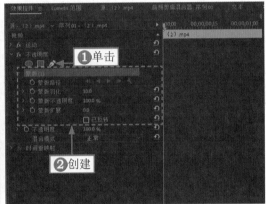

图18-17 创建"蒙版（1）"效果

STEP 09 >>> 在"节目监视器"面板的视频画面上，沿公路边缘单击鼠标左键，绘制一个与画面契合的蒙版，如图18-18所示。

STEP 10 >>> 在"效果控件"面板中，❶单击"不透明度"选项左侧的"切换动画"按钮 ；❷设置"不透明度"参数为20.0%，如图18-19所示，添加关键帧。

图18-18 绘制蒙版

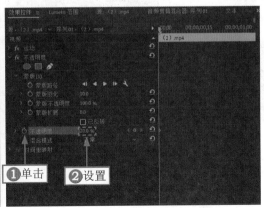

图18-19 设置"不透明度"参数

专家指点　　需要特别注意的是，在绘制蒙版的时候，蒙版的第一个绘制点需要与最后一个绘制点连起来，形成闭环，这样绘制出来的蒙版画面才能被单独选择出来，才能有之后的制作步骤。

STEP 11 >>> 拖曳时间滑块至00:00:00:01的位置，设置"不透明度"参数为100.0%，如图18-20所示，添加关键帧。

STEP 12 >>> 在"效果控件"面板的"蒙版（1）"选项上单击鼠标右键，在弹出的快捷菜单中选择"复制"命令，如图18-21所示。

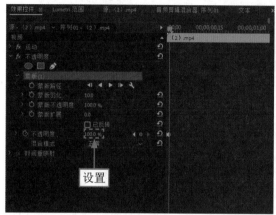

图18-20　设置"不透明度"参数

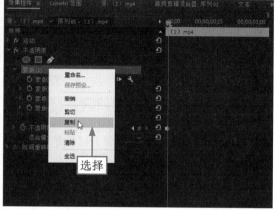

图18-21　选择"复制"命令

STEP 13 >>> 选中V2轨道中的第2个素材，在"效果控件"面板的"不透明度"选项上单击鼠标右键，在弹出的快捷菜单中选择"粘贴"命令，如图18-22所示，即可将"蒙版（1）"效果粘贴至第2个素材上。

STEP 14 >>> 拖曳时间滑块至00:00:01:06的位置，选择V2轨道中的第2个素材，在"效果控件"面板的"蒙版（1）"选项下单击"蒙版路径"选项左侧的"切换动画"按钮，如图18-23所示，添加关键帧。

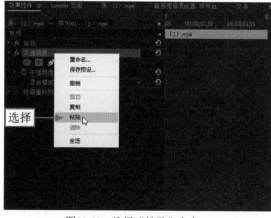

图18-22　选择"粘贴"命令

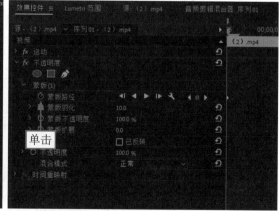

图18-23　单击"切换动画"按钮

STEP 15 >>> 拖曳时间滑块至00:00:01:12的位置，在"效果控件"面板中选择"蒙版（1）"选项，如图18-24所示。

STEP 16 >>> 在"节目监视器"面板中调整蒙版画面，使蒙版包含全部公路，如图18-25所示，即可添加关键帧。

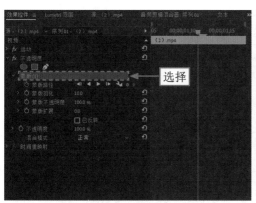

图18-24 选择"蒙版（1）"选项

图18-25 调整蒙版画面

STEP 17 >>> 在"效果控件"面板的"蒙版（1）"选项上单击鼠标右键，在弹出的快捷菜单中选择"复制"命令，如图18-26所示。

STEP 18 >>> 选中V2轨道中的第3个素材，在"效果控件"面板的"不透明度"选项上单击鼠标右键，在弹出的快捷菜单中选择"粘贴"命令，如图18-27所示，即可将"蒙版（1）"效果粘贴至第3个素材上。

图18-26 选择"复制"命令

图18-27 选择"粘贴"命令

STEP 19 >>> 在"效果控件"面板中，单击"蒙版路径"选项左侧的"切换动画"按钮，如图18-28所示，即可删除全部关键帧。

STEP 20 >>> 在"效果控件"面板中，❶单击"自由绘制贝塞尔曲线"按钮；❷创建"蒙版（2）"效果，如图18-29所示。

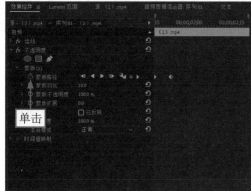

图18-28 单击"切换动画"按钮

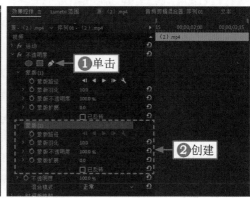

图18-29 创建"蒙版（2）"效果

STEP 21 >>> 拖曳时间滑块至第3个素材的合适位置，选择第3个素材，在"效果控件"面板中，选中"蒙版（2）"选项，在"节目监视器"面板的视频画面上单击鼠标左键，绘制一个与画面契合的蒙版，如图18-30所示。

STEP 22 >>> 用与步骤17、步骤18同样的操作方法，在"效果控件"面板中，将第3个素材的"蒙版（1）"和"蒙版（2）"效果粘贴至V2轨道的第4个素材上，如图18-31所示。

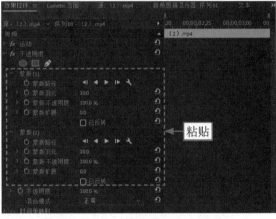

图18-30　绘制蒙版　　　　　　　　　　　　　　　　　图18-31　粘贴蒙版效果

STEP 23 >>> 拖曳时间滑块至第4个素材的合适位置，选择第4个素材，在"效果控件"面板中，单击"自由绘制贝塞尔曲线"按钮▨，创建"蒙版（3）"效果，如图18-32所示。

STEP 24 >>> 在"节目监视器"面板的视频画面上，单击鼠标左键，绘制一个与画面契合的蒙版，如图18-33所示。

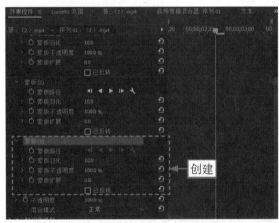

图18-32　创建"蒙版（3）"效果　　　　　　　　　　　图18-33　绘制蒙版（3）

STEP 25 >>> 用与步骤17、步骤18同样的操作方法，在"效果控件"面板中，将第4个素材的"蒙版（1）""蒙版（2）""蒙版（3）"效果粘贴至V2轨道的第5个素材上，如图18-34所示。

STEP 26 >>> 拖曳时间滑块至第5个素材的合适位置，选择第5个素材，在"效果控件"面板中选中"蒙版（3）"选项，在"节目监视器"面板中调整蒙版画面，使蒙版包含更多房屋，如图18-35所示。

STEP 27 >>> 用与步骤17、步骤18同样的操作方法，在"效果控件"面板中，将第5个素材的"蒙版（1）""蒙版（2）"和"蒙版（3）"效果粘贴至V2轨道的第6个素材上，如图18-36所示。

STEP 28 >>> 拖曳时间滑块至第6个素材的合适位置，选择第6个素材，在"效果控件"面板中，单击"自由绘制贝塞尔曲线"按钮 ，如图18-37所示，创建"蒙版（4）"效果。

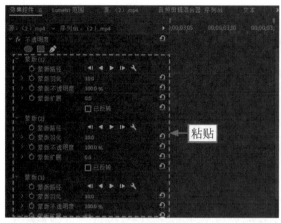

图18-34　粘贴3个蒙版效果

图18-35　调整蒙版画面

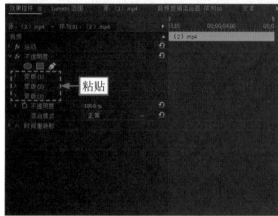

图18-36　粘贴3个蒙版效果

图18-37　单击"自由绘制贝塞尔曲线"按钮

STEP 29 在"节目监视器"面板的视频画面上，单击鼠标左键，绘制一个与画面契合的蒙版，如图18-38所示。

STEP 30 在"效果控件"面板的"蒙版（1）"选项上单击鼠标右键，在弹出的快捷菜单中选择"复制"命令，如图18-39所示。

图18-38　绘制蒙版

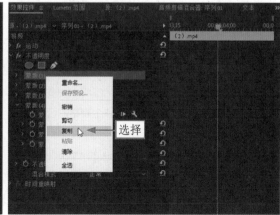

图18-39　选择"复制"命令

181

STEP 31 >>> 选中V2轨道中的第7个素材,在"效果控件"面板的"不透明度"选项上单击鼠标右键,在弹出的快捷菜单中选择"粘贴"命令,如图18-40所示,即可将"蒙版(1)"效果粘贴至第7个素材上。

STEP 32 >>> 重复上述两个步骤,将"蒙版(2)""蒙版(3)"和"蒙版(4)"效果也复制并粘贴至第7个素材上,如图18-41所示。

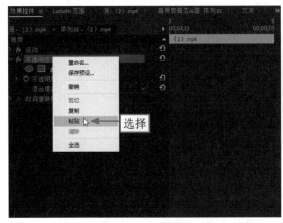

图18-40 选择"粘贴"命令

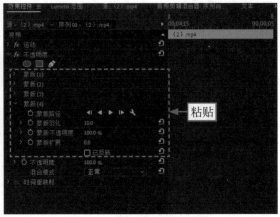

图18-41 粘贴相应蒙版效果

STEP 33 >>> 拖曳时间滑块至第7个素材的合适位置,选择第7个素材,在"效果控件"面板中,选中"蒙版(4)"选项,在"节目监视器"面板中调整蒙版画面,使蒙版包含更多房屋,如图18-42所示。

STEP 34 >>> 在"效果控件"面板的"蒙版(4)"选项上单击鼠标右键,在弹出的快捷菜单中选择"复制"命令,如图18-43所示。

图18-42 调整蒙版画面

图18-43 选择"复制"命令

STEP 35 >>> 选中V2轨道中的第8个素材,在"效果控件"面板的"不透明度"选项上单击鼠标右键,在弹出的快捷菜单中选择"粘贴"命令,如图18-44所示,即可将"蒙版(4)"效果粘贴至第8个素材上。

STEP 36 >>> 拖曳时间滑块至第8个素材的合适位置,选择第8个素材,在"效果控件"面板中,选中"蒙版(4)"选项,在"节目监视器"面板中调整蒙版画面,使蒙版包含公路和更多房屋,如图18-45所示。

STEP 37 >>> 在"效果控件"面板的"蒙版(4)"选项上单击鼠标右键,在弹出的快捷菜单中选择"复制"命令,如图18-46所示。

STEP 38 >>> 选中V2轨道中的第9个素材,在"效果控件"面板的"不透明度"选项上单击鼠标右键,在弹出的快捷菜单中选择"粘贴"命令,如图18-47所示,即可将"蒙版(4)"效果粘贴至第9个素材上。

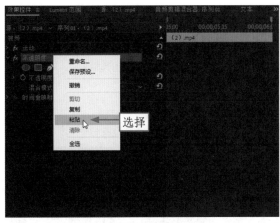

图18-44 选择"粘贴"命令

图18-45 调整蒙版画面

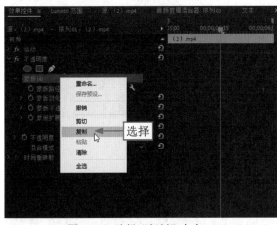

图18-46 选择"复制"命令

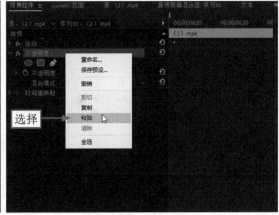

图18-47 选择"粘贴"命令

STEP 39 ▶▶▶ 拖曳时间滑块至第9个素材的合适位置，选择第9个素材，在"效果控件"面板中选中"蒙版（4）"选项，在"节目监视器"面板中调整蒙版画面，使蒙版包含全部建筑，如图18-48所示。

STEP 40 ▶▶▶ 在"节目监视器"面板中，单击"播放-停止切换"按钮▶，即可预览遮罩效果，如图18-49所示。

图18-48 调整蒙版画面

图18-49 预览遮罩效果

18.2.3 添加聚光灯效果

扫码看视频

制作完灯光卡点视频的遮罩效果之后，就可以对视频素材添加聚光灯效果了，聚光灯效果可以使视频画面更加丰富。下面介绍在Premiere Pro 2023中添加聚光灯效果的具体操作方法。

STEP 01 >>> 拖曳时间滑块至开始位置，选择V1轨道中的素材，如图18-50所示。

STEP 02 >>> 按住Alt键，拖曳V1轨道中的素材至V3轨道，如图18-51所示，即可将素材复制至V3轨道中。

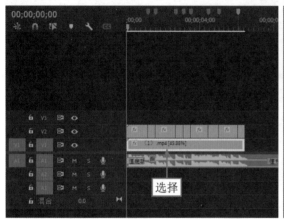

图18-50　选择V1轨道中的素材

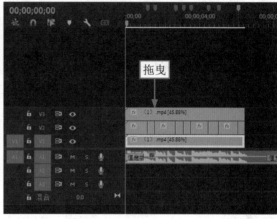

图18-51　拖曳素材至V3轨道

STEP 03 >>> 拖曳时间滑块至00:00:01:06的位置，选择"剃刀工具" ，单击鼠标左键，分割V3轨道中的素材，如图18-52所示。

STEP 04 >>> 选择"选择工具" ，选择V3轨道中的第2个素材，按Delete键删除，如图18-53所示。

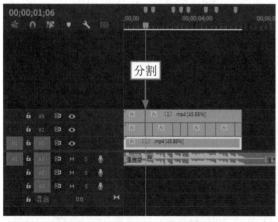

图18-52　分割相应素材

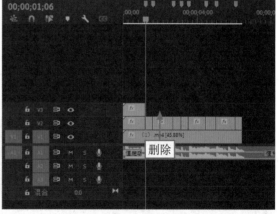

图18-53　删除素材

STEP 05 >>> 拖曳时间滑块至开始位置，选择V3轨道中的素材，在"效果控件"面板中，单击"创建椭圆形蒙版"按钮 ，如图18-54所示。

STEP 06 >>> 在"节目监视器"面板中，将新建的椭圆形蒙版拖曳至画面合适位置，调整蒙版大小，如图18-55所示。

STEP 07 >>> 在"效果控件"面板中，单击"蒙版路径"选项左侧的"切换动画"按钮 ，如图18-56所示，即可添加关键帧。

STEP 08 >>> 拖曳时间滑块至00:00:00:08的位置，在"效果控件"面板中选择"蒙版（1）"选项，在"节目监视器"面板中，拖曳蒙版至合适位置，如图18-57所示。

图18-54 单击"创建椭圆形蒙版"按钮

图18-55 调整蒙版大小

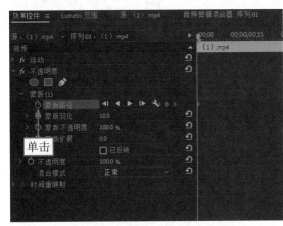

图18-56 单击"切换动画"按钮

图18-57 拖曳蒙版至合适位置

STEP 09 拖曳时间滑块至00:00:00:15的位置，在"节目监视器"面板中，展开"选择缩放级别"选项，选择10%选项，如图18-58所示。

STEP 10 在"效果控件"面板中，单击"蒙版扩展"选项左侧的"切换动画"按钮，选择"蒙版（1）"选项，在"节目监视器"面板中，拖曳蒙版至画面外，如图18-59所示，将缩放级别调回"适合"。

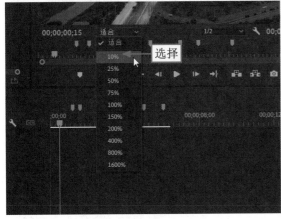

图18-58 选择10%选项

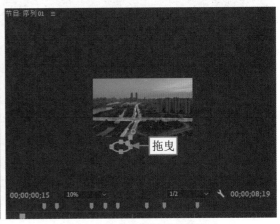

图18-59 拖曳蒙版至画面外

STEP 11 拖曳时间滑块至00:00:00:05和00:00:00:10的位置,在"节目监视器"面板中,向左拖曳蒙版至公路转折点的位置,如图18-60所示。

STEP 12 在"效果控件"面板中,拖曳时间滑块至00:00:00:20的位置,设置"蒙版扩展"参数为2000.0,如图18-61所示。

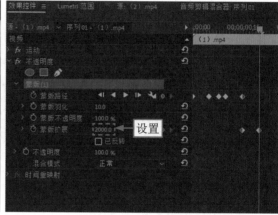

图18-60 拖曳蒙版至公路转折点的位置　　　　图18-61 设置"蒙版扩展"参数

STEP 13 在"效果控件"面板中,选中"已反转"复选框,如图18-62所示。

STEP 14 在"节目监视器"面板中,单击"播放-停止切换"按钮▶,即可预览聚光灯效果,如图18-63所示。

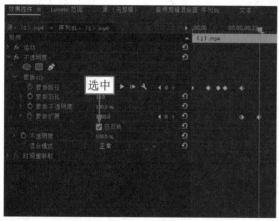

图18-62 选中"已反转"复选框　　　　图18-63 预览聚光灯效果

18.2.4 制作片尾效果

制作完灯光卡点视频的聚光灯效果后,就可以为视频素材添加片尾效果了,片尾效果可以让视频富有层次感。下面介绍在Premiere Pro 2023中制作片尾效果的操作方法。

STEP 01 在"时间轴"面板中,选择V2轨道中的最后一个素材,如图18-64所示。

STEP 02 按住Alt键,拖曳最后一个素材至V3轨道,如图18-65所示,即可将该素材复制至V3轨道中。

STEP 03 选中V3轨道中的素材,在"效果控件"面板中,选择"蒙版(4)"选项,如图18-66所示,按Delete键删除蒙版。

STEP 04 拖曳时间滑块至00:00:06:03的位置处,❶单击"不透明度"选项左侧的"切换动画"按钮⬥;

❷设置"不透明度"参数为0.0%，如图18-67所示，添加关键帧。

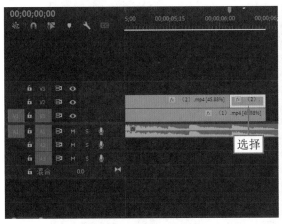

图18-64 选择相应素材

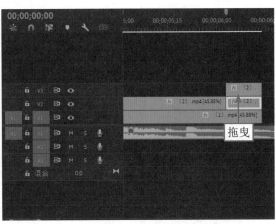

图18-65 拖曳素材

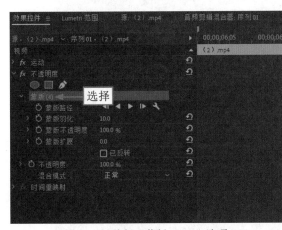

图18-66 选择"蒙版（4）"选项

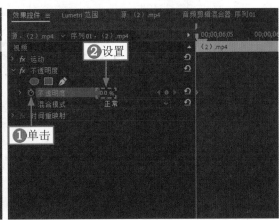

图18-67 设置"不透明度"参数

STEP 05 在"效果控件"面板中，拖曳时间滑块至00:00:06:10的位置，设置"不透明度"参数为100.0%，如图18-68所示，添加关键帧。

STEP 06 调整音频素材的时长，使其与V1轨道上的素材对齐，如图18-69所示。

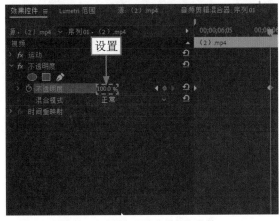

图18-68 设置"不透明度"参数

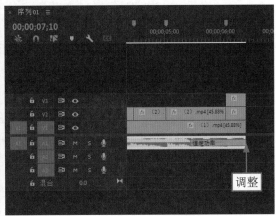

图18-69 调整音频素材的时长

19

SPECIAL EFFECTS

第19章 种草视频：
制作《图书推荐》

种草视频的目的是让观众在观看完该视频后，能够被种草，从而产生下单购买的想法。《图书推荐》种草视频主要是为观众推荐图书，因此需要重点介绍图书的相关内容，尤其是图书的亮点、特点，创作者要把握住目标用户的痛点，让观众在看完视频之后，能够对该图书产生兴趣。

19.1 《图书推荐》效果展示

制作图书种草视频，要选择能够展示图书优点、亮点的内容。向别人推荐图书首先需要将书名和封面图展示出来，让观众知晓产品是什么；其次，要展示图书的最大亮点和精彩内容，精准抓住用户的痛点，让其产生购买兴趣；最后，介绍一下这本书的出版社，让观众知晓是正规图书，有一定的质量保障。

在制作《图书推荐》视频之前，首先来欣赏本案例的视频效果，并了解案例的学习目标、制作思路、知识讲解和要点讲堂。

19.1.1 效果欣赏

《图书推荐》种草视频的画面效果如图19-1所示。

图19-1　画面效果

19.1.2　学习目标

知识目标	掌握种草视频的制作方法
技能目标	（1）掌握在Premiere Pro 2023软件中导入素材的操作方法 （2）掌握为视频制作背景效果的操作方法 （3）掌握为视频制作片头效果的操作方法 （4）掌握为视频制作动态效果的操作方法 （5）掌握为视频制作展示效果的操作方法 （6）掌握为视频制作片尾效果的操作方法 （7）掌握为视频添加背景音乐的操作方法
本章重点	为视频制作片头效果
本章难点	为视频制作展示效果
视频时长	1小时00分31秒

19.1.3　制作思路

　　本案例首先介绍了在Premiere Pro 2023软件中导入素材，然后为其制作背景效果、片头效果、动态效果、展示效果和片尾效果，最后为其添加背景音乐。图19-2所示为本案例视频的制作思路。

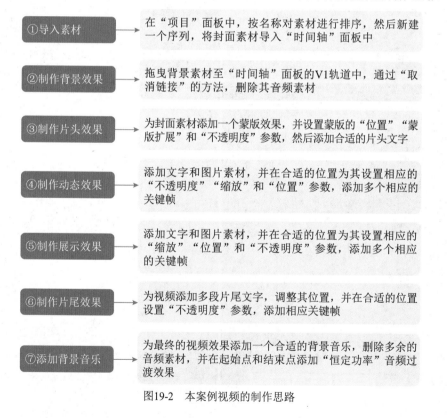

①导入素材	在"项目"面板中，按名称对素材进行排序，然后新建一个序列，将封面素材导入"时间轴"面板中
②制作背景效果	拖曳背景素材至"时间轴"面板的V1轨道中，通过"取消链接"的方法，删除其音频素材
③制作片头效果	为封面素材添加一个蒙版效果，并设置蒙版的"位置""蒙版扩展"和"不透明度"参数，然后添加合适的片头文字
④制作动态效果	添加文字和图片素材，并在合适的位置为其设置相应的"不透明度""缩放"和"位置"参数，添加多个相应的关键帧
⑤制作展示效果	添加文字和图片素材，并在合适的位置为其设置相应的"缩放""位置"和"不透明度"参数，添加多个相应的关键帧
⑥制作片尾效果	为视频添加多段片尾文字，调整其位置，并在合适的位置设置"不透明度"参数，添加相应关键帧
⑦添加背景音乐	为最终的视频效果添加一个合适的背景音乐，删除多余的音频素材，并在起始点和结束点添加"恒定功率"音频过渡效果

图19-2　本案例视频的制作思路

19.1.4　知识讲解

　　种草视频是推荐产品给观众，所以在制作该类视频的时候，创作者要熟悉产品的详细内容，并将其放入视频中，激发观众的下单兴趣，从而增加产品的销量。

19.1.5 要点讲堂

在本章内容中，会用到一个Premiere Pro 2023的功能——制作动态效果，这一功能的主要作用是让图书内容以动态的形式展示出来，让画面的出现和消失变得更自然、流畅。

为视频制作动态效果的主要方法为：为图书的内容素材添加相应文字，并在合适的位置为图书内容和文字添加"位置""缩放""不透明度"等参数，添加相应的关键帧，使其呈现出动态效果。

19.2 《图书推荐》制作流程

本节将为大家介绍制作种草视频的操作方法，包括导入素材、制作背景效果、制作片头效果、制作动态效果、制作展示效果、制作片尾效果以及添加背景音乐，希望大家能够熟练掌握。

19.2.1 导入素材

扫码看视频

在制作图书种草视频之前，首先需要导入媒体素材文件。下面介绍在Premiere Pro 2023中导入素材的操作方法。

STEP 01 ▶▶▶ 打开一个项目文件，在"项目"面板中导入所有素材，单击"排序图标"按钮，如图19-3所示。

STEP 02 ▶▶▶ 弹出列表框，选择"名称"选项，如图19-4所示，即可让素材在"项目"面板中按照名称进行排序。

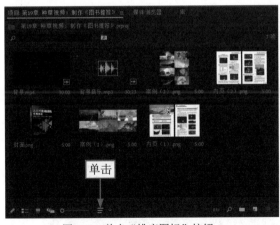

图19-3 单击"排序图标"按钮

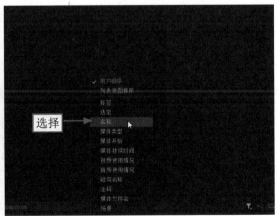

图19-4 选择"名称"选项

STEP 03 ▶▶▶ 选择"文件"|"新建"|"序列"命令，新建一个序列。拖曳时间轴至00:00:02:23的位置，将封面素材拖曳至"时间轴"面板的V2轨道，如图19-5所示。

STEP 04 ▶▶▶ 选择封面素材，拖曳时间滑块至00:00:04:03的位置，在"效果控件"面板的"运动"选项组中，单击"位置"选项左侧的"切换动画"按钮，如图19-6所示，添加关键帧。

STEP 05 ▶▶▶ 拖曳时间滑块至00:00:03:10的位置，设置"位置"参数为（960.0,680.0），如图19-7所示，添加关键帧。

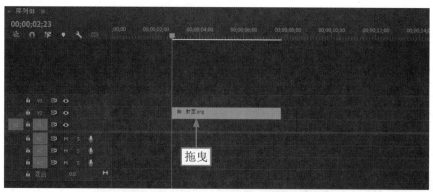

图19-5 拖曳封面素材至"时间轴"面板的V2轨道中

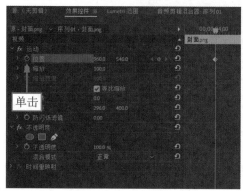

图19-6 单击"切换动画"按钮

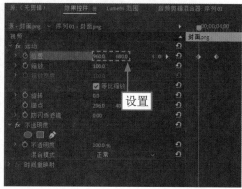

图19-7 设置"位置"参数

STEP 06 ▷▷▷ 拖曳时间滑块至00:00:03:00的位置，单击"不透明度"选项左侧的"切换动画"按钮 ，如图19-8所示，添加关键帧。

STEP 07 ▷▷▷ 拖曳时间滑块至00:00:02:23的位置，设置"不透明度"参数为0.0%，如图19-9所示，添加关键帧。

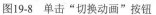

图19-8 单击"切换动画"按钮

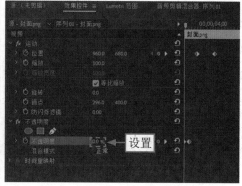

图19-9 设置"不透明度"参数

19.2.2 制作背景效果

将图书封面素材导入"时间轴"面板后，接下来就可以将视频文件添加至视频轨道中，制作图书宣传视频画面效果。下面介绍在Premiere Pro 2023中制作图书种草视频背景效果的操作方法。

扫码看视频

STEP 01 >>> 在"项目"面板中，拖曳背景素材至"时间轴"面板的V1轨道中，如图19-10所示。

STEP 02 >>> 选中背景素材，单击鼠标右键，在弹出的快捷菜单中选择"取消链接"命令，如图19-11所示，分离背景视频素材。

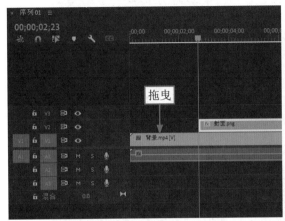

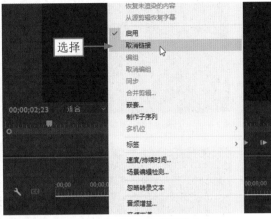

图19-10 拖曳背景素材至V1轨道中　　　　　　图19-11 选择"取消链接"命令

STEP 03 >>> 选择A1轨道中的音频素材，按Delete键删除，如图19-12所示。

STEP 04 >>> 在"节目监视器"面板中，单击"播放-停止切换"按钮▶，即可预览图像效果，如图19-13所示。

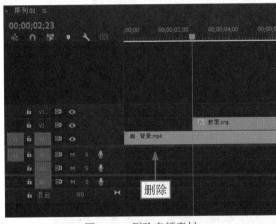

图19-12 删除音频素材　　　　　　图19-13 预览图像效果

19.2.3 制作片头效果

为图书种草视频制作片头效果，可以提升整个视频的视觉效果。下面介绍在Premiere Pro 2023中制作图书种草视频片头效果的操作方法。

扫码看视频

STEP 01 >>> 拖曳时间滑块至00:00:06:27的位置，调整封面素材的时长，如图19-14所示。

STEP 02 >>> 选择封面素材，在"效果控件"面板的"不透明度"选项组中，单击"创建椭圆形蒙版"按钮◉，如图19-15所示，创建一个椭圆形蒙版。

STEP 03 >>> 拖曳时间滑块至00:00:03:00的位置，在"蒙版"选项下，❶单击"蒙版路径"和"蒙版扩展"左侧的"切换动画"按钮◉；❷添加一组关键帧，如图19-16所示。

STEP 04 >>> 在"节目监视器"面板中，调整蒙版的形状，使其贴合视频背景的图案，如图19-17所示。

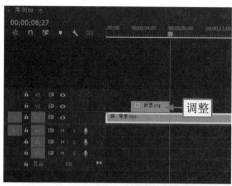

图19-14　调整素材的时长

图19-15　单击"创建椭圆形蒙版"按钮

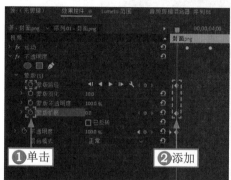

图19-16　添加一组关键帧（1）

图19-17　调整蒙版的形状

STEP 05 >>> 拖曳时间滑块至00:00:02:23的位置，再次在"节目监视器"面板中调整蒙版的形状，使其往上缩小成椭圆图案，如图19-18所示。

STEP 06 >>> 拖曳时间滑块至00:00:04:03的位置，❶设置"蒙版扩展"参数为350.0；❷添加一个关键帧，如图19-19所示。

图19-18　再次调整蒙版的形状

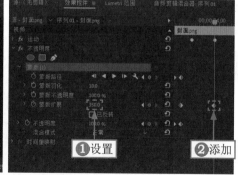

图19-19　添加一个关键帧（1）

STEP 07 >>> 拖曳时间滑块至00:00:05:16的位置，❶单击"位置"和"蒙版扩展"选项右侧的"添加/移除关键帧"按钮；❷添加一组关键帧，如图19-20所示。

STEP 08 >>> 拖曳时间滑块至00:00:06:11的位置，❶设置"位置"参数为（960.0,680.0），"蒙版扩展"参数为0.0；❷添加一组关键帧，如图19-21所示。

STEP 09 >>> 拖曳时间滑块至00:00:06:22的位置，❶单击"不透明度"选项右侧的"添加/移除关键帧"按钮；❷添加一个关键帧，如图19-22所示。

STEP 10 ▷▷▷ 拖曳时间滑块至00:00:06:27的位置，❶设置"不透明度"参数为0.0%；❷添加一个关键帧，如图19-23所示。

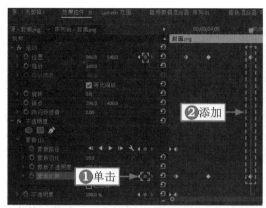

图19-20 添加一组关键帧（2）

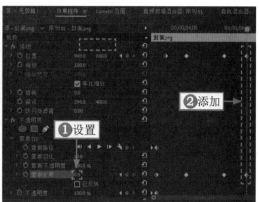

图19-21 添加一组关键帧（3）

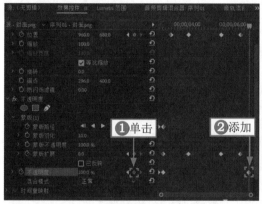

图19-22 添加一个关键帧（2）

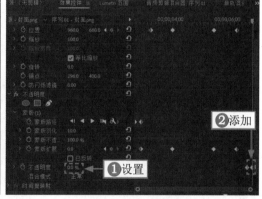

图19-23 添加一个关键帧（3）

STEP 11 ▷▷▷ 拖曳时间滑块至合适位置，选择"文字工具" **T**，在"节目监视器"面板中，单击鼠标左键，新建两个文本框，在其中输入文字"达芬奇影视调色全面精通"和"素材剪辑＋高级调色＋视频特效＋后期输出＋案例实战"，如图19-24所示。

STEP 12 ▷▷▷ 在"基本图形"面板中，选择"达芬奇影视调色全面精通"选项，设置文字的"字体"为"楷体"，"字体大小"参数为140，"切换动画的位置"参数为（186.0,514.9），如图19-25所示，调整文字在画面中的位置和显示效果。

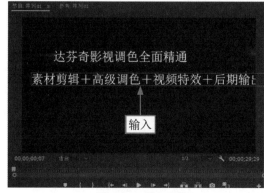

图19-24 输入文字

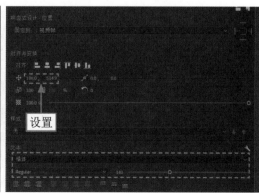

图19-25 设置相应参数

STEP 13 ▶▶▶ 在"外观"选项组中，单击"填充"颜色色块，在弹出的"拾色器"对话框中，❶选择"线性渐变"选项；❷在中间位置单击鼠标左键，出现"色标"按钮▣；❸设置其RGB参数为（19,42,142），"位置"参数为50%，Angle参数为90°，如图19-26所示。

STEP 14 ▶▶▶ 单击最左侧的"色标"按钮▣，设置其RGB参数为（163,91,209），如图19-27所示。

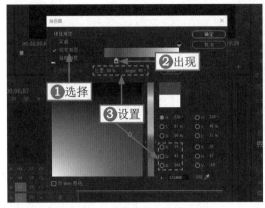

图19-26　设置相应参数

图19-27　设置RGB参数

STEP 15 ▶▶▶ 单击最右侧的"色标"按钮▣，❶设置RGB参数为（131,76,206）；❷单击"确定"按钮，如图19-28所示，即可完成文字填充颜色的设置。

STEP 16 ▶▶▶ 在"外观"选项组中，❶选中"描边"复选框；❷设置"描边宽度"参数为2.0，如图19-29所示。

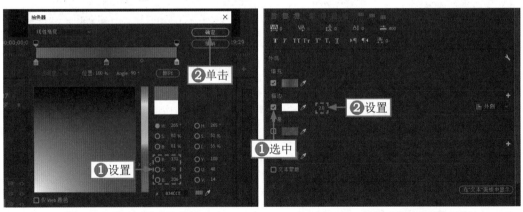

图19-28　单击"确定"按钮　　　　　　　　　图19-29　设置"描边宽度"参数

STEP 17 ▶▶▶ 在"基本图形"面板中，选择"素材剪辑＋高级调色＋视频特效＋后期输出＋案例实战"选项，设置文字的"字体"为"楷体"，"字体大小"参数为75，"切换动画的位置"参数为（61.0,676.9），如图19-30所示，调整文字在画面中的位置和效果。

STEP 18 ▶▶▶ 重复步骤13至步骤16的操作，将"素材剪辑＋高级调色＋视频特效＋后期输出＋案例实战"文字的"外观"参数设置成与"达芬奇影视调色全面精通"文字的相同，如图19-31所示。

STEP 19 ▶▶▶ 选择V3轨道中的文字素材，拖曳时间滑块至00:00:00:07的位置。在"效果控件"面板中，❶单击"位置""缩放"和"不透明度"选项左侧的"切换动画"按钮▣；❷设置"位置"参数为（248.0,299.0），"缩放"参数为10.0，"不透明度"参数为0.0%；❸添加关键帧，如图19-32所示。

STEP 20 ▶▶▶ 拖曳时间滑块至00:00:00:11的位置，❶设置"位置"参数为（291.4,386.8）；❷添加关键帧，如图19-33所示。

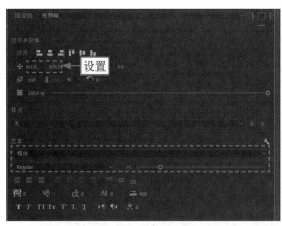

图19-30 设置相应参数

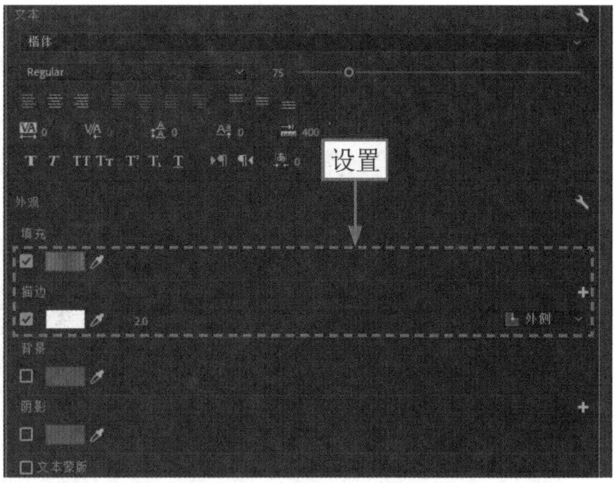

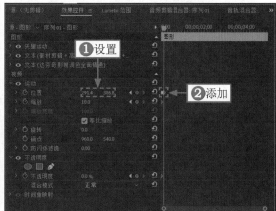

图19-31 设置"外观"参数

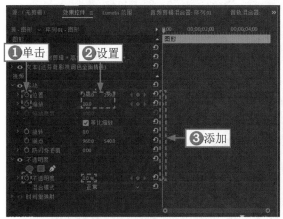

图19-32 添加关键帧（1）

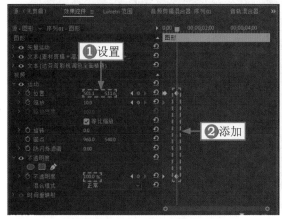

图19-33 添加关键帧（2）

STEP 21 拖曳时间滑块至00:00:00:27的位置，在"效果控件"面板中，❶设置"位置"参数为（501.1,511.6），"不透明度"参数为100.0%；❷添加关键帧，如图19-34所示。

STEP 22 拖曳时间滑块至00:00:01:22的位置，❶设置"位置"参数为（960.0,540.0），"缩放"参数为100.0；❷添加关键帧，如图19-35所示。

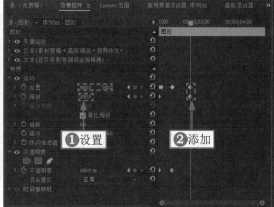

图19-34 添加关键帧（3）

图19-35 添加关键帧（4）

STEP 23 拖曳时间滑块至00:00:02:04的位置，在"效果控件"面板中，❶单击"位置"和"缩放"选项右侧的"添加/移除关键帧"按钮 ；②添加关键帧，如图19-36所示。

STEP 24 >>> 拖曳时间滑块至00:00:02:09的位置，①单击"不透明度"选项右侧的"添加/移除关键帧"按钮 ；②添加关键帧，如图19-37所示。

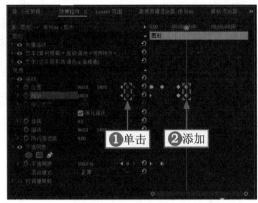

图19-36　添加关键帧（5）

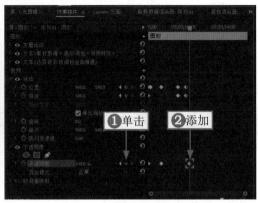

图19-37　添加关键帧（6）

STEP 25 >>> 拖曳时间滑块至00:00:02:20的位置，在"效果控件"面板中，①设置"位置"参数为（960.0,450.0），"缩放"参数为120.0，"不透明度"参数为0.0%；②添加关键帧，如图19-38所示。

STEP 26 >>> 在"节目监视器"面板中，单击"播放-停止切换"按钮，即可预览图书种草视频的片头效果，如图19-39所示。

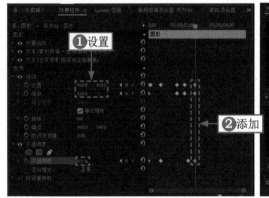

图19-38　添加关键帧（7）

图19-39　预览片头效果

19.2.4　制作动态效果

图书种草视频是以图片预览为主的视频动画，因此需要准备好图书的图片素材，并为图片添加相应的动态效果。下面介绍在Premiere Pro 2023中制作图书种草视频动态效果的操作方法。

扫码看视频

STEP 01 >>> 拖曳时间滑块至00:00:07:12的位置，拖曳"案例（1）.png"素材至"时间轴"面板的V2轨道中，如图19-40所示。

STEP 02 >>> 选择导入的素材，在"效果控件"面板中，设置"位置"参数为（1236.0,686.0），"缩放"参数为135.0，如图19-41所示。

STEP 03 >>> ①单击"不透明度"选项左侧的"切换动画"按钮；②添加关键帧，如图19-42所示。

STEP 04 >>> 拖曳时间滑块至00:00:07:14的位置，①设置"不透明度"参数为0.0%；②添加关键帧，如

图19-43所示。

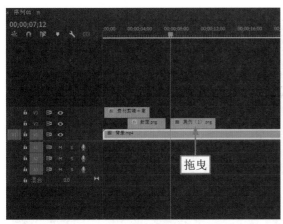

图19-40 拖曳素材至V2轨道中　　　　图19-41 设置相应参数

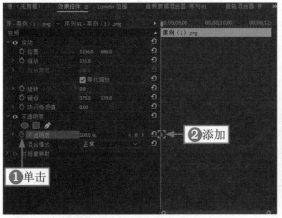
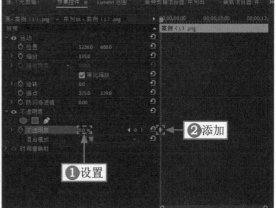

图19-42 添加关键帧（1）　　　　图19-43 添加关键帧（2）

STEP 05 ▶▶▶ 分别拖曳时间滑块至00:00:07:15、00:00:07:16、00:00:07:18、00:00:07:20、00:00:07:21、00:00:07:24位置，依次设置其"不透明度"参数为80.0%、0.0%、100.0%、0.0%、80.0%、100.0%，添加多个关键帧，如图19-44所示。

STEP 06 ▶▶▶ ❶拖曳时间滑块至00:00:11:04的位置；❷调整素材的时长，使其与时间轴对齐，如图19-45所示。

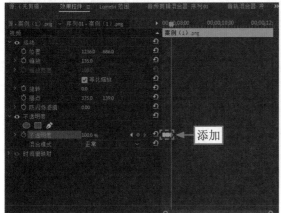
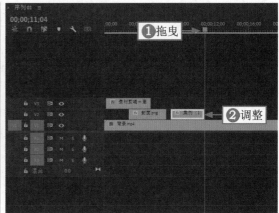

图19-44 添加多个关键帧　　　　图19-45 调整素材的时长

STEP 07 >>> 拖曳时间滑块至00:00:10:25的位置，①单"不透明度"选项右侧的"添加/移除关键帧"按钮◎；②添加关键帧，如图19-46所示。

STEP 08 >>> 拖曳时间滑块至00:00:11:02的位置，①设置"不透明度"参数为0.0%；②添加关键帧，如图19-47所示。

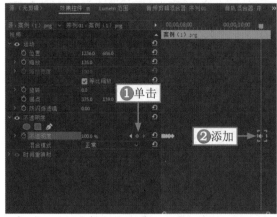

图19-46　添加关键帧（3）

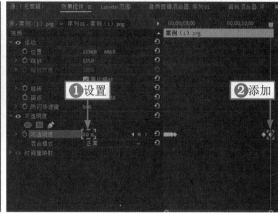

图19-47　添加关键帧（4）

STEP 09 >>> 拖曳时间滑块至00:00:07:01的位置，在"节目监视器"面板中单击鼠标左键，新建两个文本框，在其中输入文字"5大模板内容"和"160多个案例"，如图19-48所示。

STEP 10 >>> 在"基本图形"面板中，选择"5大模板内容"选项，设置"字体大小"参数为110，"切换动画的位置"参数为（126.1,168.3），如图19-49所示，调整文字的大小和位置。

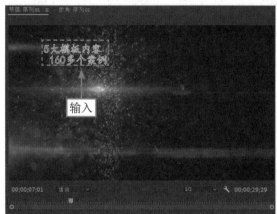

图19-48　输入文字

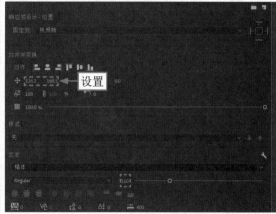

图19-49　设置相应参数

STEP 11 >>> 在"基本图形"面板中，选择"160多个案例"选项，设置"字体大小"参数为110，"切换动画的位置"参数为（535.0,292.0），如图19-50所示。

STEP 12 >>> 拖曳时间滑块至00:00:11:05的位置，调整文字素材的时长，如图19-51所示。

STEP 13 >>> 拖曳时间滑块至00:00:07:01的位置，在"效果控件"面板中，①单击"不透明度"选项左侧的"切换动画"按钮◎；②添加关键帧，如图19-52所示。

STEP 14 >>> 设置"不透明度"参数为50.0%，如图19-53所示。

图19-50 设置相应参数

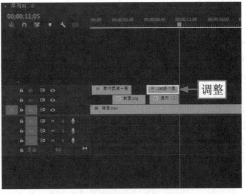

图19-51 调整素材的时长

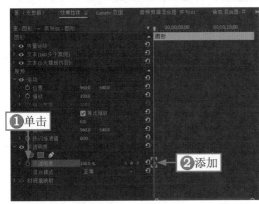

图19-52 添加关键帧（5）

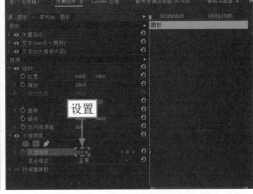

图19-53 设置"不透明度"参数

STEP 15 ▶▶▶ 分别拖曳时间滑块至00:00:07:03、00:00:07:04、00:00:07:06、00:00:07:08、00:00:07:09位置，依次设置其"不透明度"参数为0.0%、100.0%、0.0%、80.0%、100.0%，添加多个关键帧，如图19-54所示。

STEP 16 ▶▶▶ 拖曳时间滑块至00:00:10:19的位置，❶单击"位置"和"缩放"选项左侧的"切换动画"按钮◉；❷单击"不透明度"选项右侧的"添加/移除关键帧"按钮◉，如图19-55所示。

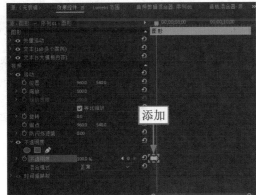

图19-54 添加多个关键帧

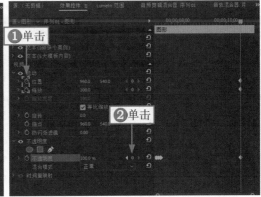

图19-55 单击"添加/移除关键帧"按钮

STEP 17 ▶▶▶ 拖曳时间滑块至00:00:11:01的位置，设置"位置"参数为（975.0,570.0），"缩放"参数为110，"不透明度"参数为0.0%，如图19-56所示，即可完成文字的参数设置。

STEP 18 ▶▶▶ 在"节目监视器"面板中，单击"播放-停止切换"按钮▶，即可预览动画效果，如图19-57所示。

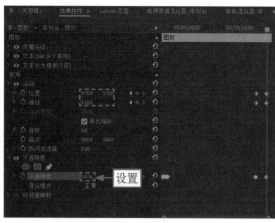

图19-56 设置相应参数

图19-57 预览动画效果

19.2.5 制作展示效果

扫码看视频

图书宣传时往往需要介绍图书内容，可以通过制作的视频动画来展示图书的案例与内页，因此用户需要准备好对应的图片素材，并为图片添加相应的展示效果。下面介绍在Premiere Pro 2023中制作图书种草视频展示效果的操作方法。

STEP 01 ▶▶▶ 拖曳时间滑块至00:00:11:16的位置，在"节目监视器"面板中单击鼠标左键，新建一个文本框，在其中输入文字"精美案例，全彩内页"，如图19-58所示。

STEP 02 ▶▶▶ 在"基本图形"面板中，设置文字的"字体大小"参数为160，"切换动画的位置"参数为（240.0,441.8），如图19-59所示。

图19-58 输入文字

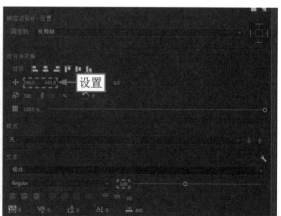

图19-59 设置相应参数

STEP 03 ▶▶▶ 拖曳时间滑块至00:00:14:24的位置，调整素材的时长，使其与时间轴对齐，如图19-60所示。

STEP 04 ▶▶▶ 拖曳时间滑块至00:00:11:16的位置，在"效果控件"面板中，❶单击"位置""缩放"和"不透明度"选项左侧的"切换动画"按钮🔘；❷设置"位置"参数为（960.0,379.0），"缩放"参数为13.0，"不透明度"参数为0.0%；❸添加关键帧，如图19-61所示。

STEP 05 ▶▶▶ 拖曳时间滑块至00:00:12:21的位置，❶设置"不透明度"参数为100.0%；❷添加关键帧，如图19-62所示。

STEP 06 ▶▶▶ 拖曳时间滑块至00:00:13:03的位置，❶设置"位置"参数为（960.0,540.0），"缩放"参数为

100.0；❷添加关键帧，如图19-63所示。

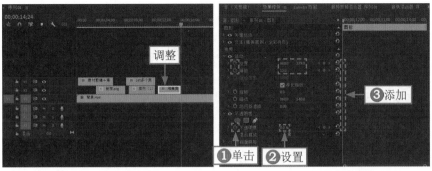

图19-60 调整素材的时长　　　　　图19-61 添加关键帧（1）

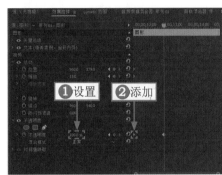

图19-62 添加关键帧（2）　　　　　图19-63 添加关键帧（3）

STEP 07 ▶▶▶ 拖曳时间滑块至00:00:14:00的位置，❶单击"位置""缩放"和"不透明度"选项右侧的"添加/移除关键帧"按钮◉；❷添加关键帧，如图19-64所示。

STEP 08 ▶▶▶ 拖曳时间滑块至00:00:14:23的位置，❶设置"位置"参数为（560.0,540.0），"不透明度"参数为0.0%；❷添加关键帧，如图19-65所示。

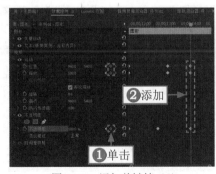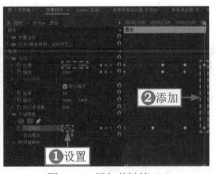

图19-64 添加关键帧（4）　　　　　图19-65 添加关键帧（5）

STEP 09 ▶▶▶ 拖曳时间滑块至00:00:14:24的位置，拖曳"案例（2）.png"素材至"时间轴"面板的V2轨道中，如图19-66所示。

STEP 10 ▶▶▶ 拖曳时间滑块至00:00:17:12的位置，调整素材的时长，使其与时间轴对齐，如图19-67所示。

STEP 11 ▶▶▶ 选择刚导入的素材，在"效果控件"面板中，设置"位置"参数为（1390.0,540.0），"缩放"参数为135.0，如图19-68所示。

STEP 12 ▶▶▶ 拖曳时间滑块至00:00:14:24的位置，在"效果控件"面板中，❶单击"位置""缩放"和"不透明度"选项左侧的"切换动画"按钮◉；❷设置"位置"参数为（1922.0,540.0），"缩放"参数为56.0，

"不透明度"参数为0.0%；❸添加关键帧，如图19-69所示。

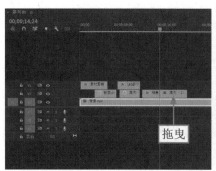

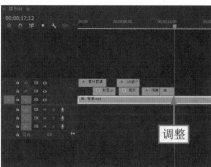

图19-66　拖曳素材至V2轨道中　　　　　　图19-67　调整素材的时长

图19-68　设置相应参数　　　　　　　　　图19-69　添加关键帧（6）

STEP 13 ▶▶▶ 拖曳时间滑块至00:00:15:17的位置，❶设置"不透明度"参数为100.0%；❷添加关键帧，如图19-70所示。

STEP 14 ▶▶▶ 拖曳时间滑块至00:00:15:26的位置，❶设置"位置"参数为（1390.0,540.0），"缩放"参数为135.0；❷添加关键帧，如图19-71所示。

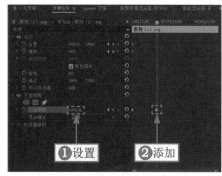

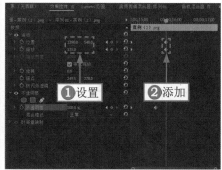

图19-70　添加关键帧（7）　　　　　　　　图19-71　添加关键帧（8）

STEP 15 ▶▶▶ 拖曳时间滑块至00:00:17:04的位置，❶单击"位置""缩放"和"不透明度"选项右侧的"添加/移除关键帧"按钮◙；❷添加关键帧，如图19-72所示。

STEP 16 ▶▶▶ 拖曳时间滑块至00:00:17:11的位置，❶设置"缩放"参数为145.0，"不透明度"参数为0.0%；❷添加关键帧，如图19-73所示。

STEP 17 ▶▶▶ 拖曳时间滑块至00:00:14:24的位置，长按"文字工具"▣，在弹出的列表框中选择"垂直文字工具"选项，如图19-74所示。

STEP 18 ▶▶▶ 在"节目监视器"面板中，单击鼠标左键，新建一个文本框，输入文字"案例展示"，如

图19-75所示。

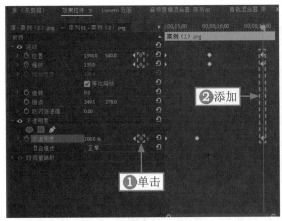

图19-72 添加关键帧（9）

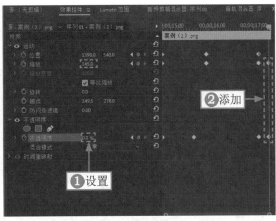

图19-73 添加关键帧（10）

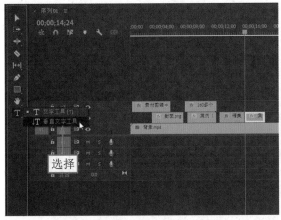

图19-74 选择"垂直文字工具"选项

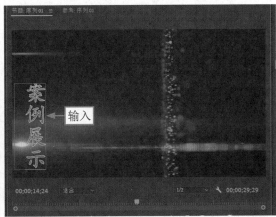

图19-75 输入文字

STEP 19 在"基本图形"面板中，设置文字的"字体大小"参数为228，"切换动画的位置"参数为（363.3,75.6），如图19-76所示。

STEP 20 拖曳时间滑块至00:00:17:12的位置，调整素材的时长，使其与时间轴对齐，如图19-77所示。

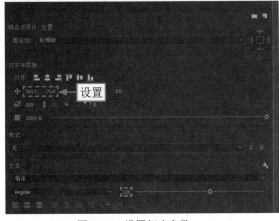

图19-76 设置相应参数

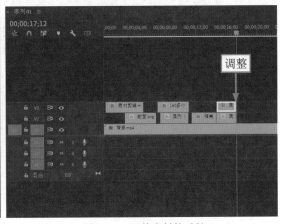

图19-77 调整素材的时长

STEP 21 拖曳时间滑块至00:00:14:24的位置，在"效果控件"面板中，❶单击"位置""缩放"和"不透明度"选项左侧的"切换动画"按钮◎；❷设置"位置"参数为（1373.0,540.0），"缩放"参数为50.0，"不透明度"参数为0.0%；❸添加关键帧，如图19-78所示。

STEP 22 ▶▶▶ 拖曳时间滑块至00:00:15:17的位置，❶设置"不透明度"参数为100.0%；❷添加关键帧，如图19-79所示。

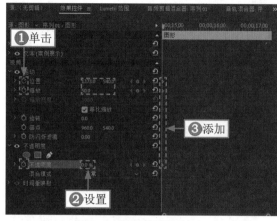

图19-78　添加关键帧（11）

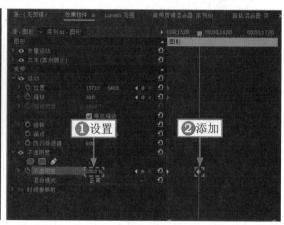

图19-79　添加关键帧（12）

STEP 23 ▶▶▶ 拖曳时间滑块至00:00:15:26的位置，❶设置"位置"参数为（960.0,540.0），"缩放"参数为100.0；❷添加关键帧，如图19-80所示。

STEP 24 ▶▶▶ 拖曳时间滑块至00:00:17:04的位置，❶单击"位置""缩放"和"不透明度"选项右侧的"添加/移除关键帧"按钮◎；❷添加关键帧，如图19-81所示。

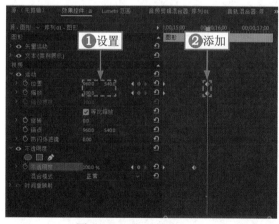

图19-80　添加关键帧（13）

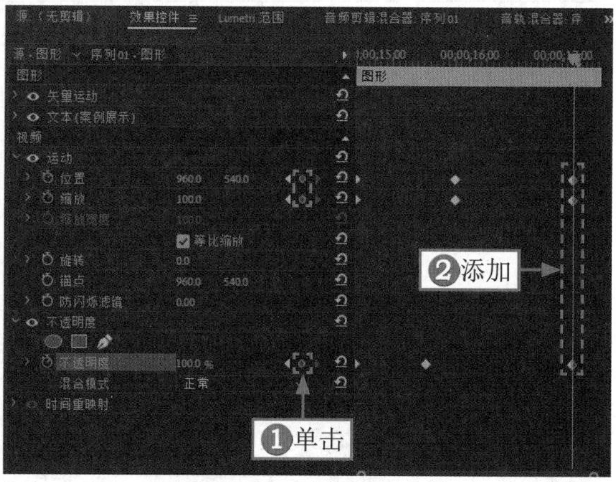

图19-81　添加关键帧（14）

STEP 25 ▶▶▶ 拖曳时间滑块至00:00:17:11的位置，❶设置"缩放"参数为110.0，"不透明度"参数为0.0%；❷添加关键帧，如图19-82所示，即可完成素材文件的参数设置。

STEP 26 ▶▶▶ 拖曳时间滑块至00:00:17:28的位置，长按"文字工具"▣，在弹出的列表框中选择"文字工具"选项。在"节目监视器"面板中单击鼠标左键，新建一个文本框，在其中输入文字"内页展示"，如图19-83所示。

STEP 27 ▶▶▶ 在"基本图形"面板中，设置文字的"字体大小"参数为180，"切换动画的位置"参数为（577.0,891.2），如图19-84所示。

STEP 28 ▶▶▶ 拖曳时间滑块至00:00:21:13的位置，调整素材的时长，使其与时间轴对齐，如图19-85所示。

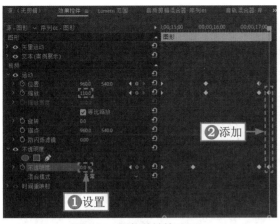

图19-82　添加关键帧（15）

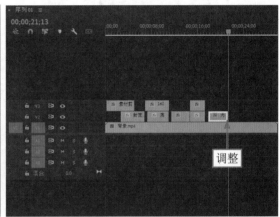

图19-83　输入文字

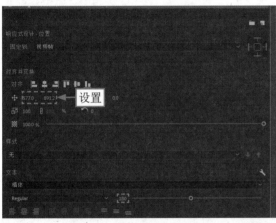

图19-84　设置相应参数

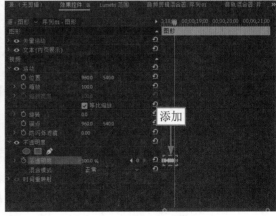

图19-85　调整素材的时长

STEP 29 ▷▷▷ 拖曳时间滑块至00:00:17:28的位置，在"效果控件"面板中，❶单击"不透明度"选项左侧的"切换动画"按钮⬛；❷添加关键帧，如图19-86所示。

STEP 30 ▷▷▷ 分别拖曳时间滑块至00:00:18:00、00:00:18:02、00:00:18:05、00:00:18:07、00:00:18:09、00:00:18:11位置，依次设置其"不透明度"参数为100.0%、10%、20%、80%、10%、100%，添加多个关键帧，如图19-87所示。

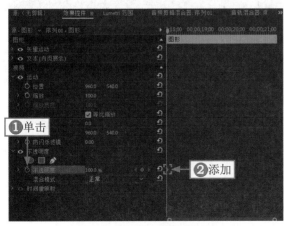

图19-86　添加关键帧（16）

图19-87　添加多个关键帧

STEP 31 >>> 拖曳时间滑块至00:00:21:00的位置，❶单击"位置"和"缩放"选项左侧的"切换动画"按钮🔘、"不透明度"选项右侧的"添加/移除关键帧"按钮🔘；❷添加关键帧，如图19-88所示。

STEP 32 >>> 拖曳时间滑块至00:00:21:12的位置，在"效果控件"面板中，❶设置"位置"参数为（960.0,510.0），"缩放"参数为110.0，"不透明度"参数为0.0%；❷添加关键帧，如图19-89所示。

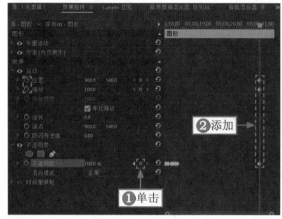
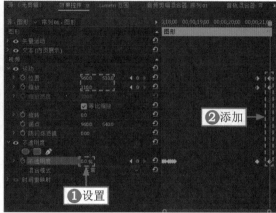

　　　　图19-88　添加关键帧（17）　　　　　　　　　　图19-89　添加关键帧（18）

STEP 33 >>> 拖曳时间滑块至00:00:17:12的位置，分别拖曳"内页（1）.png""内页（2）.png"素材至"时间轴"面板的V3、V4轨道中，如图19-90所示。

STEP 34 >>> 拖曳时间滑块至00:00:21:13的位置，选择"剃刀工具"🔪，依次裁剪刚导入的两段素材。选择"选择工具"▶，选择V3、V4轨道上裁剪出的多余素材，按Delete键删除，如图19-91所示。

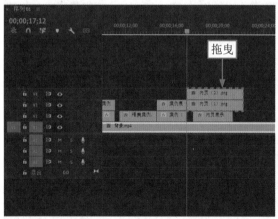
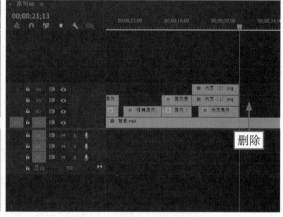

　　　图19-90　拖曳至"时间轴"面板的轨道中　　　　　　　图19-91　删除多余素材

STEP 35 >>> 拖曳时间滑块至00:00:17:12的位置，依次选择V3、V4轨道中刚导入的素材，在"效果控件"面板中，❶单击"位置""缩放"和"不透明度"选项左侧的"切换动画"按钮🔘；❷添加关键帧，如图19-92所示。

STEP 36 >>> 保持时间滑块位于00:00:17:12的位置，依次选择V3、V4轨道中的素材，在"效果控件"面板中，分别设置"位置""缩放"和"不透明度"参数，如图19-93所示。

STEP 37 >>> 拖曳时间滑块至00:00:17:25的位置，❶设置V3轨道中素材的"位置"参数为（603.0,410.0），"缩放"参数为110，设置V4轨道中素材的"位置"参数为（1323.0,410.0），"缩放"参数为110；❷添加关键帧，如图19-94所示。

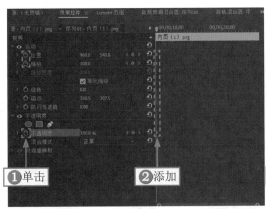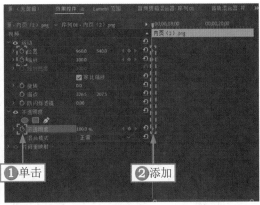

图19-92 添加关键帧（19）

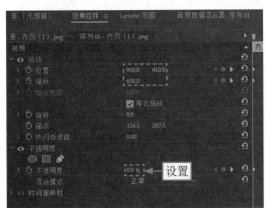

图19-93 设置相应参数

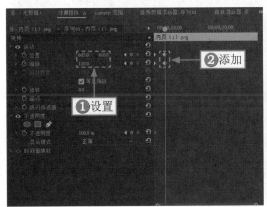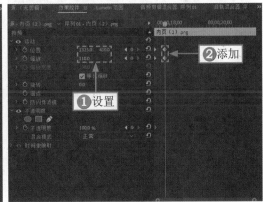

图19-94 添加关键帧（20）

STEP 38 拖曳时间滑块至00:00:18:08的位置，依次选择V3、V4轨道中的素材，❶设置"不透明度"参数为100.0%；❷添加关键帧，如图19-95所示。

STEP 39 拖曳时间滑块至00:00:20:08的位置，依次选择V3、V4轨道中的素材，❶单击"位置""缩放"和"不透明度"选项左侧的"切换动画"按钮；❷添加关键帧，如图19-96所示。

STEP 40 拖曳时间滑块至00:00:21:12的位置，选择V3轨道中的素材，❶设置"位置"参数为（−177.0,410.0），"缩放"参数为150.0，"不透明度"参数为0.0%；❷添加关键帧，如图19-97所示。

STEP 41 》》选择V4轨道中的素材，❶设置"位置"参数为（2115.0,410.0），"缩放"参数为150.0，"不透明度"参数为0.0%；❷添加关键帧，如图19-98所示。

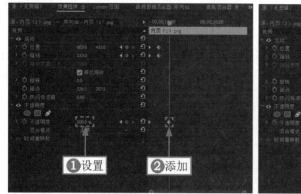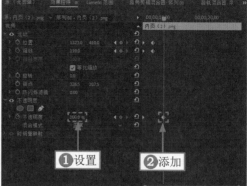

图19-95　添加关键帧（21）

图19-96　添加关键帧（22）

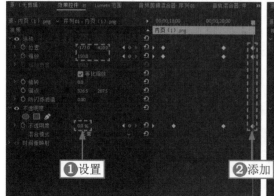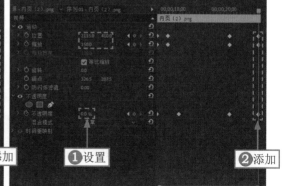

图19-97　添加关键帧（23）　　　图19-98　添加关键帧（24）

19.2.6　制作片尾效果

扫码看视频

制作完图书的展示效果之后，便可以开始制作种草视频的片尾，再次点明视频主题。下面介绍在Premiere Pro 2023中制作图书种草视频片尾效果的操作方法。

STEP 01 》》拖曳时间滑块至00:00:22:15的位置，选择"文字工具"，在"节目监视器"面板中单击鼠标左键，新建一个文本框，在其中输入相应的文字，如图19-99所示。

STEP 02 ▶▶▶ 在"基本图形"面板中，设置文字的"切换动画的位置"参数为（147.0,497.7），如图19-100所示，调整文字的位置。

图19-99 输入文字

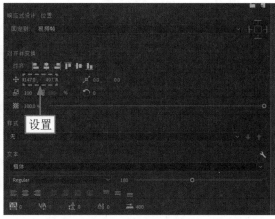

图19-100 设置"切换动画的位置"参数

STEP 03 ▶▶▶ 拖曳时间轴至00:00:26:01的位置，调整素材的时长，使其与时间轴对齐，如图19-101所示。

STEP 04 ▶▶▶ 拖曳时间轴至00:00:22:15的位置，在"效果控件"面板中，❶单击"不透明度"选项左侧的"切换动画"按钮，❷设置"不透明度"参数为50.0%；❸添加关键帧，如图19-102所示。

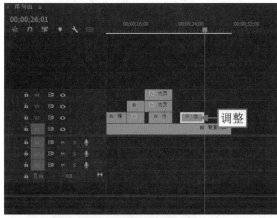

图19-101 调整素材的时长

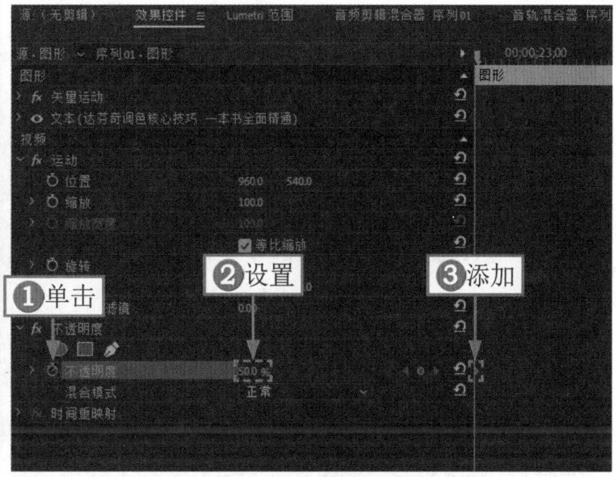

图19-102 添加关键帧（1）

STEP 05 ▶▶▶ 依次拖曳时间滑块至00:00:22:17、00:00:22:19位置，分别设置"不透明度"参数为0.0%、100.0%，如图19-103所示，即可添加相应关键帧。

STEP 06 ▶▶▶ 拖曳时间滑块至00:00:26:13的位置，在"节目监视器"面板中单击鼠标左键，新建一个文本框，在其中输入相应的文字，如图19-104所示。

STEP 07 ▶▶▶ 在"基本图形"面板中，设置文字的"切换动画的位置"参数为（330.0,561.0），如图19-105所示，调整文字的位置。

STEP 08 ▶▶▶ 拖曳时间滑块至00:00:29:29的位置，调整素材的时长，使其与时间轴对齐，如图19-106所示。

STEP 09 ▶▶▶ 拖曳时间滑块至00:00:26:13的位置，在"效果控件"面板中，❶单击"不透明度"选项左侧的"切换动画"按钮，❷添加关键帧，如图19-107所示。

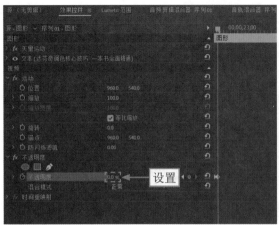
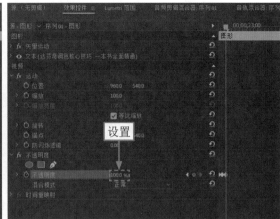

图19-103　设置"不透明度"参数

图19-104　输入文字

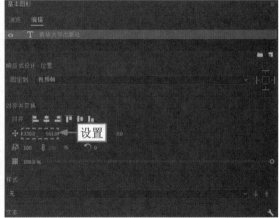

图19-105　设置"切换动画的位置"参数

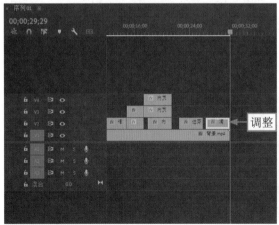

图19-106　调整素材的时长

图19-107　添加关键帧（2）

STEP 10 ▶▶▶ 依次拖曳时间滑块至00:00:26:14、00:00:26:17位置，分别设置"不透明度"参数为0.0%、100.0%，如图19-108所示，即可添加相应关键帧。

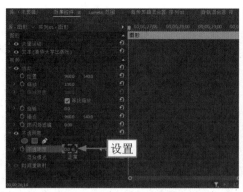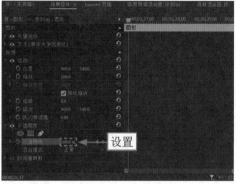

图19-108 设置"不透明度"参数

STEP 11 >>> 拖曳时间滑块至00:00:29:20的位置，❶单击"不透明度"选项右侧的"添加/移除关键帧"按钮❶；❷添加关键帧，如图19-109所示。

STEP 12 >>> 拖曳时间滑块至00:00:29:29的位置，❶设置"不透明度"参数为0.0%；❷添加关键帧，如图19-110所示。

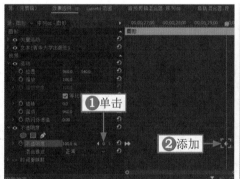

图19-109 添加关键帧（3）　　　　　图19-110 添加关键帧（4）

STEP 13 >>> 拖曳时间滑块至00:00:26:20的位置，在"节目监视器"面板中单击鼠标左键，新建一个文本框，在其中输入相应的文字，如图19-111所示。

STEP 14 >>> 在"基本图形"面板中，设置文字的"字体大小"参数为150，"切换动画的位置"参数为（660.0,791.6），如图19-112所示。

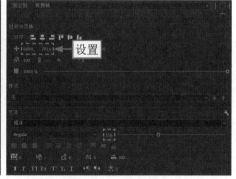

图19-111 输入文字　　　　　图19-112 设置相应参数

STEP 15 >>> 拖曳时间滑块至00:00:29:29的位置，调整素材的时长，如图19-113所示。

STEP 16 >>> 拖曳时间滑块至00:00:26:20的位置，在"效果控件"面板中，❶单击"不透明度"选项左侧的

"切换动画"按钮 ；②添加关键帧，如图19-114所示。

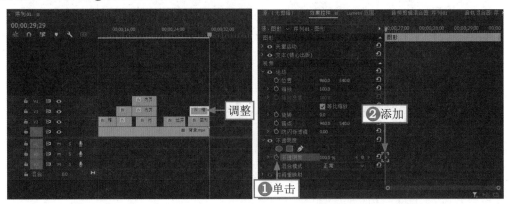

图19-113　调整素材的时长　　　　　　　图19-114　添加关键帧（5）

STEP 17 拖曳时间滑块至00:00:26:21的位置，①设置"不透明度"参数为0.0%；②添加关键帧，如图19-115所示。

STEP 18 拖曳时间滑块至00:00:26:22的位置，①设置"不透明度"参数为100.0%；②添加关键帧，如图19-116所示。

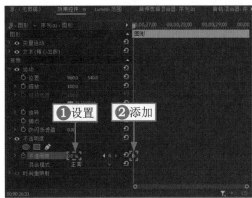

图19-115　添加关键帧（6）　　　　　　　图19-116　添加关键帧（7）

STEP 19 拖曳时间滑块至00:00:29:20的位置，①设置"不透明度"参数为100.0%；②添加关键帧，如图19-117所示。

STEP 20 拖曳时间滑块至00:00:29:29的位置，①设置"不透明度"参数为0.0%；②添加关键帧，如图19-118所示。

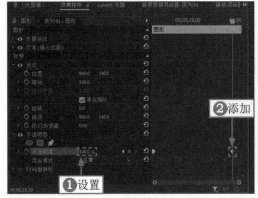
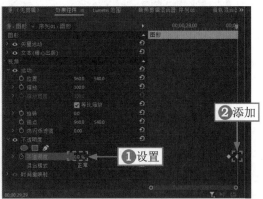

图19-117　添加关键帧（8）　　　　　　　图19-118　添加关键帧（9）

STEP 21 在"节目监视器"面板中，单击"播放-停止切换"按钮▶，即可预览动画效果，如图19-119所示。

图19-119　预览动画效果

19.2.7　添加背景音乐

为视频添加配乐，可以增加视频的感染力。下面介绍在Premiere Pro 2023中为视频添加背景音乐的操作方法。

STEP 01 拖曳时间滑块至开始位置，在"项目"面板中选择背景音乐素材，长按鼠标左键，将其拖曳至A1轨道中，如图19-120所示。

STEP 02 调整背景音乐素材的时长，使其与V1轨道中的素材对齐，如图19-121所示。

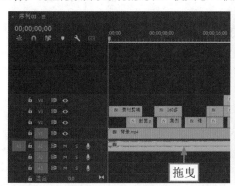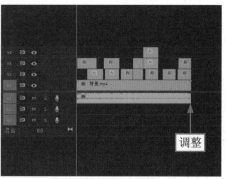

图19-120　拖曳背景音乐素材至A1轨道中　　　　图19-121　调整背景音乐素材的时长

STEP 03 在"效果"面板中，❶展开"音频过渡"|"交叉淡化"选项；❷选择"恒定功率"选项，如图19-122所示。

STEP 04 按住鼠标左键，将其拖曳至背景音乐素材的起始点与结束点，为其添加"恒定功率"音频过渡效果，如图19-123所示。

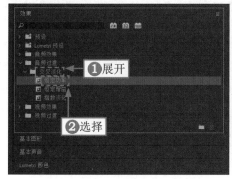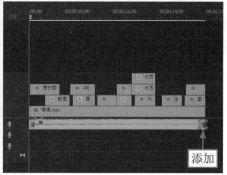

图19-122　选择"恒定功率"选项　　　　图19-123　添加"恒定功率"音频过渡效果

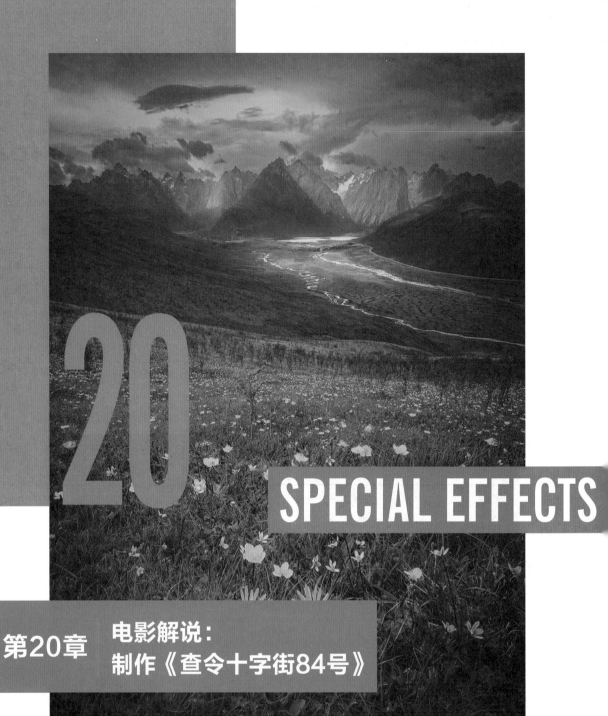

20

SPECIAL EFFECTS

第20章　电影解说：
制作《查令十字街84号》

电影解说视频主要是对电影主要内容的解说，创作者根据电影撰写对应的解说文案，并剪辑出对应的电影画面，配以文字、音乐、解说音频，使其成为一个完整的解说视频。电影解说视频向观众讲解了整部电影的主要情节，因此可以节省其观看完整电影的时间，观众可借该解说视频了解大概剧情，如果感兴趣的话，就可以去观看完整版电影。

20.1 《查令十字街 84 号》效果展示

制作电影解说视频，首先要选择自己非常熟悉的电影，根据电影的主要内容撰写合适的解说文案，然后将解说文案制作成解说音频，再根据解说文案的内容对完整的电影进行片段的剪辑，留下能对应文案的画面内容。需要注意的是，最后留下来的片段内容时长最好控制在1～3分钟，不宜太长，也不能过短。

在制作《查令十字街84号》视频之前，首先来欣赏本案例的视频效果，并了解案例的学习目标、制作思路、知识讲解和要点讲堂。

20.1.1 效果欣赏

《查令十字街84号》电影解说视频的画面效果如图20-1所示。

图20-1　画面效果

20.1.2 学习目标

知识目标	掌握电影解说视频的制作方法
技能目标	（1）掌握制作电影解说视频的前期准备 （2）掌握为视频制作片头效果的操作方法 （3）掌握为视频进行画面调色的操作方法 （4）掌握为视频添加解说文字的操作方法 （5）掌握为视频处理音频素材的操作方法 （6）掌握为视频制作片尾效果的操作方法 （7）掌握为视频添加背景音乐的操作方法 （8）掌握合成最终效果的操作方法
本章重点	为视频添加文字
本章难点	为视频制作片尾
视频时长	20分28秒

20.1.3 制作思路

本案例首先介绍了制作电影解说视频的前期准备，然后介绍了为视频制作片头效果、进行画面调色、添加解说文字和处理音频素材，接着介绍了为视频制作片尾效果和添加背景音乐，最后合成最终的视频效果。图16-2所示为本案例视频的制作思路。

①前期准备	确定视频形式、编写解说文案、剪辑电影素材、规划并准备素材
②制作片头效果	拖曳片头素材至V1轨道中，并为其添加片头文字、视频过渡效果、音频素材等内容
③进行画面调色	选择电影素材，展开"Lumetri颜色"面板，在"基本校正"选项下，设置"色温""饱和度""曝光"等参数
④添加解说文字	拖曳"项目"面板中的字幕文件至"时间轴"面板中，自动生成解说文字，并为其设置"字体""字体大小"等参数
⑤处理音频素材	在合适的位置，使用"剃刀工具"将电影素材分割成3段，将第1段和第3段素材设置成静音
⑥制作片尾效果	在片尾的合适位置，添加两段文字，并为其添加对应的音频素材，然后根据音频素材调整文字的时长和位置
⑦添加背景音乐	拖曳"项目"面板中的背景音乐素材至A3轨道中，根据电影素材的时长，调整背景音乐素材的时长，使其保持一致
⑧合成最终效果	所有效果制作完之后，设置好视频的"导出"参数，单击"导出"按钮，即可渲染并导出视频

图20-2　本案例视频的制作思路

20.1.4 知识讲解

电影解说视频主要是对电影的主要故事情节进行讲解。好的电影解说视频要突出电影情节的主要内容，能让观众在看完该部电影后，对这部电影的内容有大致的了解。与电影相比，电影解说视频时长短，很符合短视频平台的要求，因此受到很多短视频受众的欢迎，很多喜爱电影的观众也会通过观看电影解说视频，了解大致的情节发展，从而决定是否去观看完整的电影。

20.1.5 要点讲堂

在本章内容中，会用到一个Premiere Pro 2023的功能——添加解说文字，这一功能的主要作用有两个，具体内容如下。

❶ 提供好的观看体验。电影解说视频只有解说音频的话，观众只能将大部分的注意力集中在"听"上，可能会忽略视频画面，而为其添加解说文字，能让观众有更好地观看体验，不用全部依靠解说音频。

❷ 丰富视频画面。制作电影解说视频时，大部分创作者都会去掉台词字幕，这样原本的视频画面就会显得比较空，而为其添加解说文字，能够丰富视频画面。

为视频添加解说文字的主要方法为：在"时间轴"面板中导入提前制作好的字幕文件，设置相关参数，即可将解说文字添加到视频画面中。

20.2 《查令十字街84号》制作流程

本节将为大家介绍电影解说视频的制作方法，包括前期准备，为视频制作片头效果、进行画面调色、添加解说文字、处理音频素材、制作片尾效果、添加背景音乐和合成最终效果，希望大家能够熟练掌握。

20.2.1 前期准备

在制作电影解说视频前，要从多方面进行规划和准备，这样才能在制作视频的过程中得心应手。下面介绍需要做好准备的4个方面。

1. 确定视频形式

不同的发布平台决定了视频的比例和排版。比如，抖音、快手等短视频平台多以竖屏视频为主，而哔哩哔哩则是横屏视频更为常见。本案例以横屏视频为例，为大家介绍制作电影解说视频的流程。横屏视频由于没有多余的空白位置，所以在排版上不需要添加太多内容，只需要安排画面和解说字幕即可。

2. 编写解说文案

想得视频获得更多观看、点赞和收藏，在编写解说文案时就要用心。毕竟，文案是解说视频的"脚本"，我们在剪辑电影画面时只能根据文案来决定哪些画面要保留，哪些画面要删掉。

想写出好的解说文案，首先要熟悉电影内容。我们可以先观看一遍电影，在观看的过程中将一些亮眼的剧情和台词记下，并标记好相应的时间点，这样方便后期快速找到对应的内容。

当然，只看一遍是不够的，需要多看几遍，对电影的内容做到了然于心。只有这样，才能避免在前面的观看中漏掉某些剧情或台词，也才能让我们在看到文案时迅速反应需要什么样的画面，这个画面大概在哪个位置，从而提高视频的剪辑效率。

除了认真观看视频外，还要去了解电影的故事原型、幕后故事、大众评价和获奖情况，这样在准备电影介绍、推荐语和电影亮点时才能有话可说。

另外，还可以到平台上观看一些关于该部电影的解说视频和评论。这样做可以让我们了解其他创作者和观众的观点与看法，既能避免选取一个毫无热度的解说方向，也能让我们了解同类视频的优缺点，从而在自己的视频中选择性发扬和规避。

写好解说文案后，还需要对解说文案进行整理和排版，这样可以在剪映中导入和生成文案文本后，节省调整内容的时间。比较简单的方法就是在一句话或可以断句的地方按Enter键进行分段，并删除多余的标点符号。

3. 剪辑电影素材

剪辑电影素材的过程非常耗时，但如果创作者熟悉电影的话，就可以较快剪辑出能对应上解说文案的素材了。

在编写完解说文案后，就可以对电影的相关内容进行剪辑了，因为提前剪辑好所有需要的电影素材，能够节省之后的剪辑制作时间。需要注意的是，解说文案一定要对得上视频画面，这是制作电影解说视频非常关键的一步。

4. 规划并准备素材

在开始剪辑前要规划好封面样式、视频标题等内容，这样才能在制作和发布的过程中省下思考的时间。

做好规划后，还要准备好相应的素材。例如，本案例的封面是横屏的，那么就需要准备一张横屏的封面素材。最简单的方法就是在观看电影时挑选一幕画面，进行截屏即可。

20.2.2　制作片头效果

制作电影解说视频，可以先制作片头效果，向观众介绍一下创作账号。下面介绍在Premiere Pro 2023中制作片头效果的操作方法。

扫码看视频

STEP 01 ▶▶ 打开一个项目文件，在"项目"面板中导入所有素材，双击片头素材，在"源监视器"面板中，移动鼠标到"仅拖动视频"按钮▣上，长按鼠标左键，将片头素材拖曳至"时间轴"面板的V1轨道中，如图20-3所示。

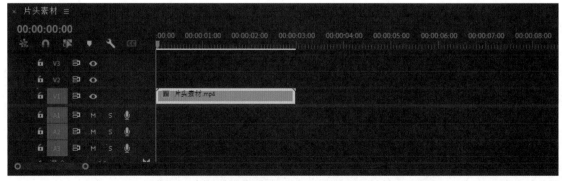

图20-3　将片头素材拖曳至"时间轴"面板的V1轨道中

STEP 02 ▶▶ 设置片头素材的"持续时间"为00:00:01:20，如图20-4所示。

STEP 03 ▶▶▶ 选择"文字工具" **T**，在"节目监视器"面板中单击鼠标左键，即可创建一个文本框，在其中输入相应的文字，如图20-5所示。

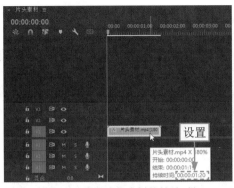 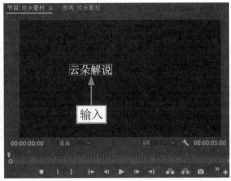

图20-4　设置片头素材的持续时间　　　　　　图20-5　输入文字

STEP 04 ▶▶▶ 在"基本图形"面板中，设置文字的"字体"为"楷体"，"字体大小"参数为160，"切换动画的位置"参数为（313.2,386.7），如图20-6所示。

STEP 05 ▶▶▶ 调整其时长，使其与V1轨道中的片头素材对齐，如图20-7所示。

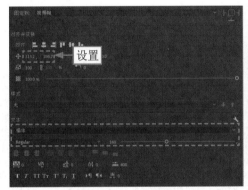 

图20-6　设置相应参数　　　　　　　　　图20-7　调整时长

STEP 06 ▶▶▶ 在"效果"面板中，❶展开"视频过渡"|"擦除"选项；❷选择"径向擦除"选项，如图20-8所示。

STEP 07 ▶▶▶ 长按鼠标左键，将该选项拖曳至V2轨道中素材的起始位置，为文字添加"径向擦除"视频过渡效果，如图20-9所示。

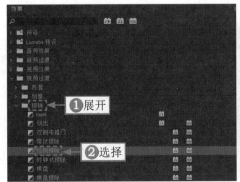 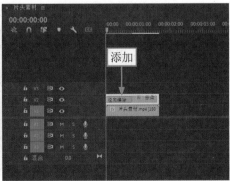

图20-8　选择"径向擦除"选项　　　　　图20-9　添加"径向擦除"视频过渡效果

STEP 08 >>> 选择"径向擦除"视频过渡效果，单击鼠标右键，在弹出的快捷菜单中选择"设置过渡持续时间"命令，如图20-10所示。

STEP 09 >>> 弹出"设置过渡持续时间"对话框，❶设置"持续时间"为00:00:00:15；❷单击"确定"按钮，如图20-11所示，即可调整视频过渡效果的时长。

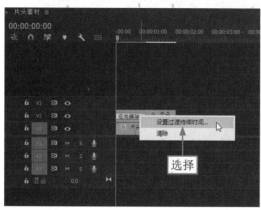
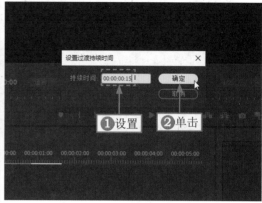

图20-10　选择"设置过渡持续时间"命令　　　　图20-11　单击"确定"按钮

STEP 10 >>> 在"项目"面板中，拖曳片头音频素材至"时间轴"面板的A1轨道中，如图20-12所示。

STEP 11 >>> 拖曳时间滑块至00:00:01:11的位置，选择"剃刀工具" 分割音频素材，选择"选择工具" ，选择分割出的前半段音频素材，如图20-13所示，按Delete键将其删除。

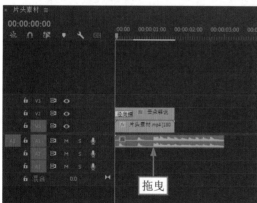
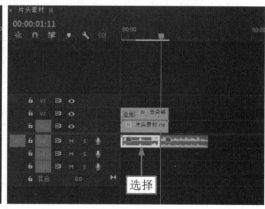

图20-12　拖曳片头音频素材至A1轨道中　　　　图20-13　选择分割出的前半段音频素材

STEP 12 >>> 调整音频素材在A1轨道中的位置，如图20-14所示。

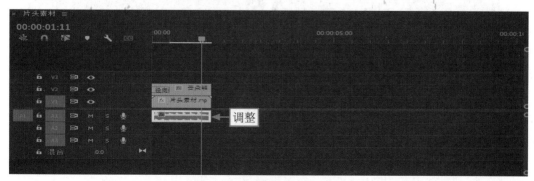

图20-14　调整音频素材的位置

扫码看视频

20.2.3 进行画面调色

大部分的电影不需要我们去额外调色，但是一些年代比较久远的电影，画面色调可能偏灰黑，观看起来有点困难，这时候就可以为其进行画面调色，提高观众的观看体验。下面介绍在Premiere Pro 2023中进行画面调色的操作方法。

STEP 01 ▶▶▶ 在"项目"面板中，将剪辑好的电影素材和制作好的解说音频依次拖曳至"时间轴"面板的V1、A2轨道中，如图20-15所示。

STEP 02 ▶▶▶ 选择电影素材，在"Lumetri颜色"面板中，展开"基本校正"选项，设置"色温"参数为10.0，"饱和度"参数为120.0，"曝光"参数为1.0，"对比度"参数为5.0，"阴影"参数为6.0，如图20-16所示，调整画面的色彩饱和度、明度和清晰度。

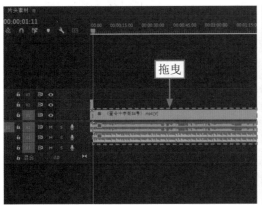
图20-15 拖曳素材至V1、A1轨道中

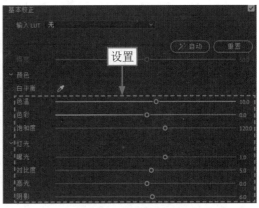
图20-16 设置相应参数

20.2.4 添加解说文字

扫码看视频

因为视频中要添加解说音频，为了增加观众的视听体验，可以在视频中添加解说文字。下面介绍在Premiere Pro 2023中添加解说文字的操作方法。

STEP 01 ▶▶▶ 拖曳时间滑块至00:00:01:20的位置，在"项目"面板中，选择字幕文件，长按鼠标左键，将其拖曳至"时间轴"面板中，如图20-17所示。

STEP 02 ▶▶▶ 弹出"新字幕轨道"对话框，❶选中"播放指示器位置"单选按钮；❷单击"确定"按钮，如图20-18所示，即可导入解说文字。

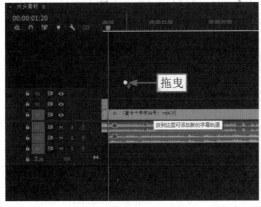
图20-17 拖曳字幕文件至"时间轴"面板中

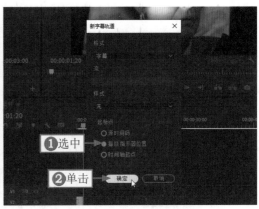
图20-18 单击"确定"按钮

STEP 03 ▶▶▶ 全选所有的解说文字，在"基本图形"面板中，设置文字的"字体"为"楷体"，"字体大小"参数为65，如图20-19所示。

STEP 04 ▶▶▶ 在"外观"选项组中，单击"填充"颜色色块，在弹出的"拾色器"对话框中，❶设置RGB参数为（0,0,0）；❷单击"确定"按钮，如图20-20所示，即可设置好文字的填充颜色。

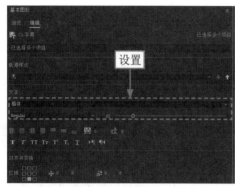

图20-19　设置相应参数

图20-20　设置RGB参数

STEP 05 ▶▶▶ ❶选中"描边"复选框；❷设置"描边宽度"参数为2.0，如图20-21所示。

STEP 06 ▶▶▶ 展开"描边"选项下最右侧的■按钮，选择"中心"选项，如图20-22所示，使描边效果从文字中心向外侧展开。

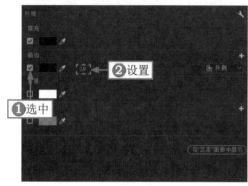

图20-21　设置"描边宽度"参数

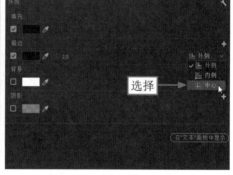

图20-22　选择"中心"选项

STEP 07 ▶▶▶ ❶选中"背景"复选框；❷单击颜色色块，如图20-23所示。

STEP 08 ▶▶▶ 在弹出的"拾色器"对话框中，❶设置RGB参数为（255,255,255）；❷单击"确定"按钮，如图20-24所示，设置好背景颜色。

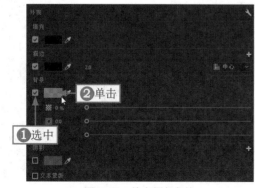

图20-23　单击颜色色块

图20-24　设置RGB参数

STEP 09 ⟫ 设置其"不透明度"参数为100%，如图20-25所示，让背景颜色更加明显，并取消选中"阴影"复选框。

STEP 10 ⟫ 拖曳时间滑块至00:01:37:22的位置，选择"文字工具" T ，在"节目监视器"面板中单击鼠标左键，创建一个文本框，在其中输入相应的文字，如图20-26所示。

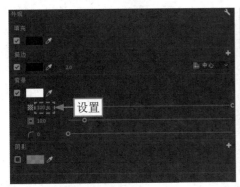

图20-25 设置"不透明度"参数

图20-26 输入文字

STEP 11 ⟫ 在"基本图形"面板中，设置文字的"字体"为"黑体"，"字体大小"参数为55，"切换动画的位置"参数为（445.5,681.8），如图20-27所示，适当调整文字效果和位置。

STEP 12 ⟫ 单击"填充"颜色色块，在弹出的"拾色器"对话框中，❶设置RGB参数为（0,0,0）；❷单击"确定"按钮，如图20-28所示。

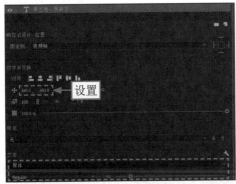

图20-27 设置相应参数

图20-28 设置RGB参数

STEP 13 ⟫ ❶选中"描边"复选框；❷设置"描边宽度"参数为4.0，如图20-29所示。

STEP 14 ⟫ 设置文字素材的"持续时间"为00:00:02:08，如图20-30所示。

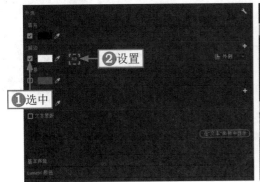

图20-29 设置"描边宽度"参数

图20-30 设置持续时间

STEP 15 ▶▶▶ 拖曳时间滑块至00:01:40:00的位置，按住Alt键，长按鼠标左键，将刚添加的文字素材复制到V2轨道上，并修改好文字内容，此时"时间轴"面板的效果如图20-31所示。

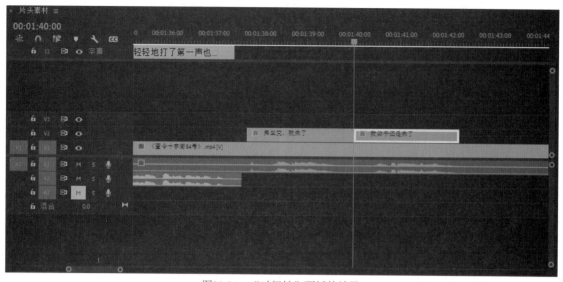

图20-31 "时间轴"面板的效果

20.2.5 处理音频素材

为了提高解说音频与电影内容的匹配度，可以将电影主要人物的原音播放出来，让观众更有沉浸感。下面介绍在Premiere Pro 2023中处理音频素材的操作方法。

扫码看视频

STEP 01 ▶▶▶ 拖曳时间滑块至00:01:37:22的位置，选择"剃刀工具" ◆，在时间线位置处分割V1、A1轨道中的电影素材，如图20-32所示。

STEP 02 ▶▶▶ 拖曳时间滑块至00:01:42:08的位置，在时间线位置处分割V1、A1轨道中的电影素材，如图20-33所示。

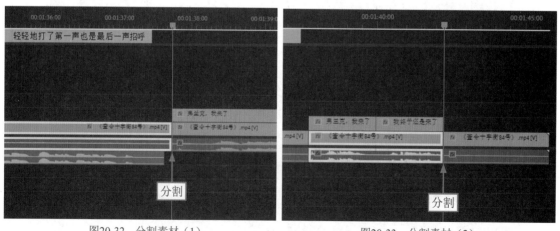

图20-32 分割素材（1）　　　　　图20-33 分割素材（2）

STEP 03 ▶▶▶ 选择"选择工具" ▶，选择第1段电影素材，在"效果"面板中，❶展开"音频效果"|"时间与变调"选项；❷选择"静音"选项，如图20-34所示。

STEP 04 ▶▶▶ 双击该选项，即可为第1段电影素材添加"静音"音频效果。在"效果控件"面板的"静音"选项组中，❶单击"静音全部"选项左侧的"切换动画"按钮 ⊙；❷设置"静音全部"参数为"1.0静音"，如

图20-35所示，即可将本段电影素材静音。

图20-34 选择"静音"选项

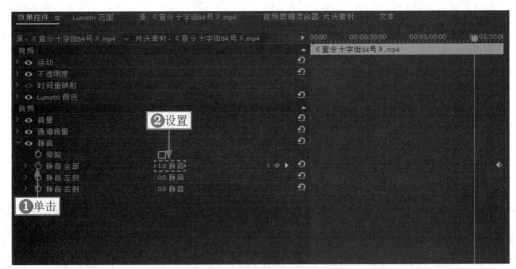

图20-35 设置"静音全部"参数

STEP 05 用同样的操作方法，将第3段电影素材静音，此时"时间轴"面板的效果如图20-36所示。

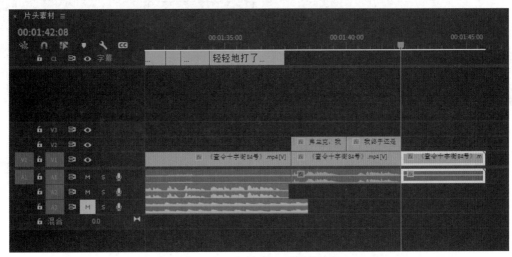

图20-36 "时间轴"面板的效果

20.2.6 制作片尾效果

处理完音频素材之后，接下来就应该制作电影解说视频的片尾效果了。可以直接使用电影素材搭配适当的文本和音频来制作电影解说视频的片尾效果，这样既减轻了制作难度，又能保证片尾的美观度。下面介绍在Premiere Pro 2023中制作片尾效果的操作方法。

STEP 01 ▶▶▶ 拖曳时间滑块至00:01:42:08的位置，将最后一段文字素材复制并粘贴两份，如图20-37所示。

STEP 02 ▶▶▶ 修改两段复制文本的内容，如图20-38所示。

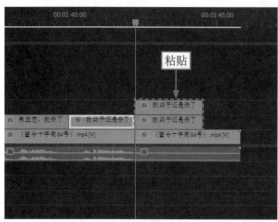
图20-37 将文本复制并粘贴两份

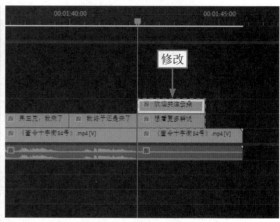
图20-38 修改文本内容

STEP 03 ▶▶▶ 在"项目"面板中，拖曳片尾音频素材至"时间轴"面板的时间线位置处，如图20-39所示。

STEP 04 ▶▶▶ 根据音频的内容，适当调整最后两段文字素材的时长和位置，如图20-40所示。

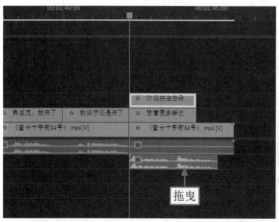

图20-39 拖曳片尾音频素材至时间轴位置处

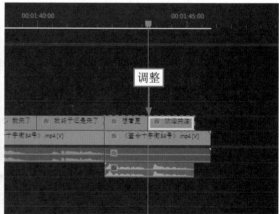
图20-40 调整文字素材的时长和位置

20.2.7 添加背景音乐

当创作者完成视频素材的处理后，就可以为视频添加一个合适的背景音乐。下面介绍在Premiere Pro 2023中添加背景音乐的操作方法。

STEP 01 ▶▶▶ 拖曳时间滑块至00:00:01:20的位置，在"项目"面板中，拖曳背景音乐素材至"时间轴"面板的A3轨道中，如图20-41所示。

STEP 02 ▶▶▶ 选择背景音乐素材，在"效果控件"面板的"音量"选项组中，设置"级别"参数为 −20.0 dB，如图20-42所示，适当降低音量。

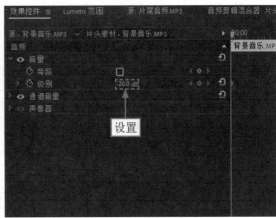

图20-41　拖曳背景音乐素材至A3轨道中　　　　图20-42　设置"级别"参数

STEP 03 ▶▶▶ 拖曳时间滑块至00:01:45:25的位置，选择"剃刀工具" ◧，在时间线位置处分割A3轨道上的背景音乐素材，如图20-43所示。

STEP 04 ▶▶▶ 选择"选择工具" ▶，选择分割出的后半段背景音频素材，如图20-44所示，按Delete键将其删除。

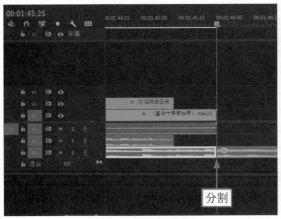

图20-43　分割背景音乐素材　　　　　　图20-44　选择分割出的后半段背景音乐素材

20.2.8　合成最终效果

扫码看视频

制作完全部效果之后，就可以将最终的视频效果进行渲染与合成，最后导出，并设置好相关的参数。下面介绍在Premiere Pro 2023中合成最终效果的操作方法。

STEP 01 ▶▶▶ 单击工具栏中的"导出"按钮，如图20-45所示。

STEP 02 ▶▶▶ 进入"导出"界面，设置好文件名和位置，如图20-46所示。

STEP 03 ▶▶▶ 单击界面右下角的"导出"按钮，如图20-47所示，稍等片刻后，即可导出最终视频效果。

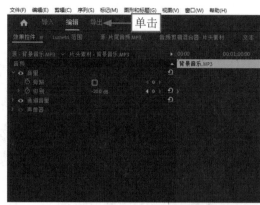

图20-45　单击"导出"按钮（1）

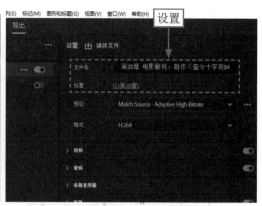

图20-46　设置相应参数

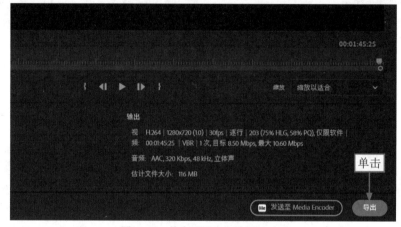

图20-47　单击"导出"按钮（2）